陕西出版资金资助项目

改变人类的诺贝尔科学奖

物理学奖 1901—1935

豆麦麦 / 主编

陕西新华出版

陕西科学技术出版社
Shaanxi Science and Technology Press

—— 西安 ——

图书在版编目(CIP)数据

改变人类的诺贝尔科学奖.物理学奖.1901—1935 / 豆麦麦主编.
—西安:陕西科学技术出版社,2017.1(2024.5重印)

ISBN 978-7-5369-6882-0

Ⅰ.①改… Ⅱ.①豆… Ⅲ.①诺贝尔物理学奖—青少年读物

Ⅳ.①G321.2-49②O4-49

中国版本图书馆 CIP 数据核字(2016)第 309299 号

改变人类的诺贝尔科学奖——物理学奖 1901—1935

GAIBIAN RENLEI DE NUOBEIER KEXUEJIANG——WULIXUEJIANG 1901—1935

豆麦麦　主编

责任编辑	赵文欣
装帧设计	立米图书

出 版 者	陕西科学技术出版社
	西安市曲江新区登高路1388号陕西新华出版传媒产业大厦B座
	电话(029)81205187 传真(029)81205155 邮编710061
	http://www.snstp.com
发 行 者	陕西科学技术出版社
	电话(029)81205180 81206809
印　　刷	三河市双升印务有限公司
规　　格	720mm×1000mm　16 开本
印　　张	7.5印张
字　　数	62 千字
版　　次	2017 年 2 月第 1 版
	2024 年 5 月第 2 次印刷
书　　号	ISBN 978-7-5369-6882-0
定　　价	35.00 元

改变人类的诺贝尔科学奖

导　言

1901 年 12 月 10 日，根据瑞典著名的化学家、硝化甘油炸药的发明人阿尔弗雷德·伯纳德·诺贝尔遗嘱设立的诺贝尔奖（物理、化学、生理学或医学、文学及和平 5 种）首次颁奖。自此之后，除个别年份因战争或其他因素没有颁发之外，每年都有。

作为与人类生活生产息息相关的物理、化学、生理学或医学更是受到全世界的瞩目。我们选取了这三类诺贝尔奖作为这套丛书的主线，来阐释这些获奖的科学家及其科学研究成果对人类社会的改变和深远影响。

在梳理和撰写这些科学家的故事及研究成果时，我们抛开了枯燥难懂的专业学术式的叙述方式，用大众更易理解与接受的形式，为读者奉上一道科学知识的盛宴。

我们无意做布道者，但是，在物理、化学、生理学或医学这些领域对人类作出重大贡献的科学家，是值得我们学习的，同时也应该了解他们为之所付出的艰辛。诚如阿尔弗雷德·伯纳德·诺贝尔在他的遗嘱里所言："在颁发这些奖金的时候，对于授奖候选人的国籍丝毫不予考虑，不管他是不是斯堪的纳维亚人，只要他值得，就应该授予奖金。"

　　这正是诺贝尔奖的可贵之处，也是值得我们信赖的科学大奖，没有之一。

目录

改变人类的诺贝尔科学奖

物理学奖 1901—1935

诺贝尔物理学奖（1901 年）	
获 得 者	威廉·康拉德·伦琴
国 籍	德国
获奖原因	发现了 X 射线，为开创医疗影像技术铺平了道路

X 射线带来的医学革命

当我们今天重温第一届诺贝尔奖的时候，还是会给人带来些许惊喜，1901 年的诺贝尔物理学奖颁发给了发现 X 射线的威廉·康拉德·伦琴。

X 射线拥有极高的穿透性，这是威廉·康拉德·伦琴发现它并获得诺贝尔物理学奖最重要的原因。那么它到底有多强的穿透性呢？不妨来看一组数据——X 射线可穿透 2～3 厘米厚的木板、15 毫米厚的铝板。

威廉·康拉德·伦琴

1895 年 12 月 22 日，伦琴邀请自己的妻子到实验室参观，并把她的手放到照相底板上，用 X 射线照了一张照片，这是人类的第一张 X 射线照片，这张照片清晰地显示出她的手部骨骼图，以及她的结婚戒指。

6 天后，即 12 月 28 日，伦琴以严密的文笔，将他 7 个星期以来的研究结果，写成了《关于一种新的射线》的论文，递交给威茨堡物理学会和医学协会。

1896 年 1 月 5 日，这篇论文在《维也纳日报》上全文刊登，引起了全世界的关注。随后，伦琴又做了公开演讲。诚如其言："假如没有前人的卓越研究，我发现 X 射线是很难实现的。"在他之前，从 1540—1895 年间，与 X 射线的发现有关的科学家多达 25 位，诸如牛顿、富兰克林、安培、欧姆、法拉第、赫兹、克鲁克斯、雷纳德、玻尔等物理学界的大佬级人物。另外，伦琴对待科学的谦虚态度以及他高尚的道德品格也令人钦佩——一方面他拒绝了能给个人带来荣誉的贵族称号；另一方面他不申请 X 射线的专

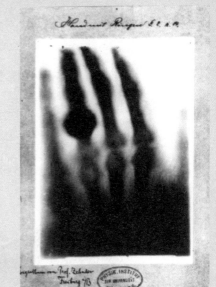

威廉·康拉德·伦琴夫人的手骨照片。这是人类的第一张 X 线照片。

工作中的威廉·康拉德·伦琴

利、不谋求赞助,这使得 X 射线的应用迅速得到发展和普及。

1896 年,X 线第一次应用于临床医学——在伦敦一妇女手中的软组织中取出了一根针。X 射线在外科诊断中成为骨科的常规诊断方法之一。此外,身体的任何部位、组织、器官都可以用 X 线显示并发现异常,比如胸腔 X 射线用来诊断

威廉·康拉德·伦琴的出生地伦内普(今雷姆沙伊德)

威廉·康拉德·伦琴,1845 年 3 月 27 日出生于德国莱茵州伦内普。他发现的 X 射线,为开创医疗影像技术铺平了道路。直到今天,为了纪念他的成就,X 射线在许多国家都被称为伦琴射线。另外,第 111 号化学元素 Rg 也以伦琴命名。

肺部疾病，如肺炎、肺癌或肺气肿等。因此，X射线的应用被认为是掀起了一场医学上的革命。

除了被应用于医学领域，在工业生产领域中常常用X射线来探测产品瑕疵，如产品破损、产品变形或产品缺失等。

1901年，威廉·康拉德·伦琴获得首届诺贝尔物理学奖。

X射线的副作用

X射线看起来好处多多，可是对人体也有副作用。

X射线是一种波长很短的电磁波，以光的速度沿直线前进，透过人体会产生电离生物作用，如果大剂量照射，会破坏我们身体的细胞和组织，使人体血液中的白细胞数量减少，导致机体免疫功能下降，给病菌侵入我们的身体带来可乘之机。但小剂量照射，如偶尔胸透一次，对人体并没有明显影响。

因为X射线对人体损害具有累积性，假如连续几天内多次做X光检查就会对人体造成损害。一般来说，普通的胸透几天内总的曝光时间不应超过12分钟，胃肠检查不应超过10分钟。对于孕妇和儿童来说，X射线的照射更应当谨慎，胎儿接受X光照射后，甚至可能引起畸形。

根据X射线照射的器官和部位的不同，也应采取相关防护措施，比如穿戴防护帽、铅围脖、眼罩及防护服等。

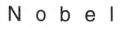

诺贝尔物理学奖(1902 年)	
获 得 者	亨得里克·安顿·洛伦兹　彼得·塞曼
国 籍	荷兰　　　　　　　　　荷兰
获奖原因	关于磁场对辐射现象影响的研究

"我们时代最伟大、最高尚的人"

1902 年的诺贝尔物理学奖,颁发给了因"关于磁场对辐射现象影响的研究(即塞曼效应)"的亨得里克·安顿·洛伦兹和他的学生彼得·塞曼。如果把洛伦兹的科学成就罗列一下,还真多:他是经典电子论的创立者,是洛伦兹变换公式的创立者,此外,还提出了洛伦兹力的概念等,他也因此成为 19 世纪末 20 世纪初物理学界的统帅。

在学术上的成就,自然不必多言,而作为一个自由思想家,才是洛伦兹人生最大的亮点。

1853 年 7 月 18 日,亨得里克·安顿·洛伦兹出生于荷兰的阿纳姆,小学和中学都在那里度过。少年时他就对物理学感兴趣,同时阅读了大量的历史著作和小说,并且掌握了多门外语,这为他日后取得成就打下了基础。

当洛伦兹成为最有影响力的物理学家时,他的开放性、包容性、国际性,为他赢得了良好的声誉。

世界各地物理学界的学者纷纷慕名而来、登门拜访。这对于搞学术、搞科研的人来说，应该是一种劳烦。但是，洛伦兹却不这样认为，他认为人家既然登门拜访，就有必要接见，不能叫拜访者乘兴而来，扫兴而归。更何况，这不也是一次很好地传达自己物理学理念的机会吗？

亨得里克·安顿·洛伦兹

洛伦兹能以平等、平和的心态与他们交流、交换对物理学的看法，也会对拜访者的物理学思想提出自己的看法与意见，但他又绝不会干扰别人的思想。

这一时期，创立相对论的阿尔伯特·爱因斯坦、量子力学奠基人之一的埃尔温·薛定谔等人也成为他的常客。

除了在个人交往上的开放

在教室里的亨得里克·安顿·洛伦兹

1921 年，亨得里克·安顿·洛伦兹在位于莱顿的家门前与阿尔伯特·爱因斯坦合影。

性和包容性，他对物理学的贡献还体现在国际性上。1898 年，他为德国的自然科学与医学学会的迪塞尔多夫会议物理组做演讲。1900 年，他在巴黎为国际物理代表会（世界性物理学家集会）做演讲。第一次世界大战后，为恢复科学国际主义，他四处奔走努力促成此事，并在 1909—1921 年担任荷兰皇家科学与文学研究院物理组主任时，以自己的影响来说服人们参加战后创立的国际性科学组织……

　　这种开放的、包容的国际主义精神，使其不仅在学术上颇有建树，他的人格魅力也赢得了大家的敬重。1928 年 2 月 4 日，亨得里克·安顿·洛伦兹去世。在他的葬礼上，阿尔伯特·爱因斯坦致辞："洛伦兹的成就对我产生了最伟大的影响，他是我们时代最伟大、最高尚的人。"

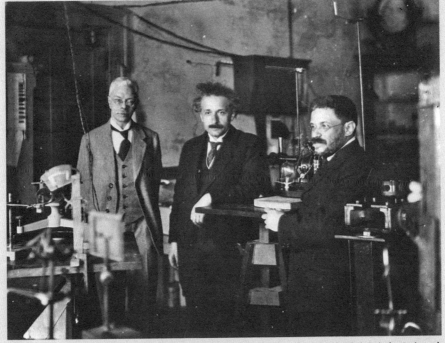

阿尔伯特·爱因斯坦（中）访问位于荷兰阿姆斯特丹的彼得·塞曼（左）实验室，并
与 Paul Ehrenfest（奥地利数学家、物理学家）合影（约 1920 年）。

彼得·塞曼，1865 年 5 月 25 日出生于荷兰宗内迈雷。1885 年进入莱顿大学，在亨
得里克·安顿·洛伦兹和海克·卡末林·昂内斯的指导下学习物理学，并当过亨得
里克·安顿·洛伦兹的助教。1896 年，彼得·塞曼发现了原子光谱在磁场中的分裂
现象，并将其命名为"塞曼效应"。随后，亨得里克·安顿·洛伦兹在理论上对这种
现象进行了解释。二人因此获得了 1902 年的诺贝尔物理学奖。塞曼效应在实际
领域主要用于分析物质的元素组成、测量天体的磁场等。1908 年，美国天文学家
乔治·埃勒里·海耳等人在威尔逊山天文台利用塞曼效应首次测量到了太阳黑
子的磁场。

诺贝尔物理学奖（1903 年）		
获 得 者	安东尼·亨利·贝克勒尔	皮埃尔·居里	玛丽·居里
国 籍	法国	法国	法国
获奖原因	发现天然放射性	对放射性现象的共同研究	

从放射性污染说起

有一些元素能自动发生衰变，并放射出肉眼看不见的射线，这些元素被称为放射性元素。

20 世纪 50 年代以来，人类活动导致人工放射性物质大大增加，从而产生了放射性污染，危及生物的生存。

在实验室工作中的安东尼·亨利·贝克勒尔

今天，人们对于"放射性污染"的深切体会与了解，要感谢三位科学家留给我们的科学成就，他们分别是 1903 年诺贝尔物理学奖的获得者：法国物理学家安东尼·亨利·贝克勒尔以及皮埃尔·居里和玛丽·居里夫妇。

1852 年 12 月 15 日，安东尼·亨利·贝克勒尔出生于法国巴黎。他出身于科学世家，祖父安东尼·

塞瑟是用电解方法从矿物中提取金属的发明者，父亲亚历山大·爱德蒙·贝克勒尔是位应用物理学教授。当然，安东尼·亨利·贝克勒尔也不弱，他继承了家族的学术风气。

1896年3月，安东尼·亨利·贝克勒尔发现，在双氧铀硫酸钾盐中，有某种未知的辐射。同年5月，他又发现纯铀金属板也能产生这种辐射。

1898年7月，在安东尼·亨利·贝克勒尔研究的基础上，皮埃尔·居里和玛丽·居里夫妇发现了放射性元素钋。

之后，居里夫妇又于1898年12月发现了放射性元素镭。

1900年10月，两位德国学者瓦尔柯夫和吉泽尔对外公布研究成果——镭对生物组织有奇特效应。后经居里夫妇证实，镭射线会

皮埃尔·居里，1859年5月15日出生于法国巴黎，法国著名物理学家，也是"居里定律"的发现者之一。

玛丽·居里，1867年11月7日出生于波兰华沙。

烧灼皮肤。

此后，医学研究发现，镭射线对于各种不同的细胞和组织，作用大不相同，那些繁殖快的细胞（癌瘤正是由繁殖异常迅速的细胞组成的）一经镭的照射很快都被破坏了。这个发现使镭成为治疗癌症的有力手段。这种新的治疗方法叫"镭放射疗术"，又被称为"居里疗法"。

总之，三位科学家对放射性的研究成果，为我们打开了一扇微观世界的大门——为原子核物理学和粒子物理学的诞生和发展奠定了实验基础。

天然放射性

天然存在的某些物质所具有的能自发地放射出 α 射线、β 射线或 γ 射线的性质，被称为天然放射性。天然放射性元素是指最初从天然产物中发现的放射性元素，包括钋、氡、钫、镭、锕、钍、镤和铀。天然放射性元素的应用范围从早期的医学和钟表工业，扩大到核动力工业和航天工业等多种领域。

诺贝尔物理学奖（1904 年）		
获 得 者	约翰·威廉·斯特拉特	
国 籍	英国	
获奖原因	对氢气、氧气、氮气等气体密度的测量，并因测量氮气而发现氩	

懒惰的气体"氩"

氩是一种无色、无味的气体，这种气体用通俗的语言形容它就是非常地"懒惰"，所以，它又有别称：惰性气体。用科学的语言解释就是：这种气体的化学性质非常不活泼（"氩"的希腊文的意思就是"不活泼"），不易与其他元素发生化学反应。

然而，氩的这种"惰性"，却成了它最大的优点，被人类广泛应用和开发——

氩最早的应用就是用来填充灯泡，由于它在高温下不会和灯丝产生化学反应，而且优点多，如耗电量低、能延长灯丝寿命等，这种灯泡还有一个名字叫氩灯。

因为氩的不易燃性，在进行不锈钢、锰、铝、钛等金属焊接时，为了防

约翰·威廉·斯特拉特

止高温反应,会用氩作为保护气体,这种焊接技术有一个霸气的专业名称:氩弧焊。另外,在钢铁生产、提炼纯金、酿酒以及灭火、文物保护方面,都是利用了氩不易与氧气发生反应的特性,用它作保护气体。

在医疗领域里,氩也发挥着巨大的价值与作用。比如用它来防止药物氧化变质;用氩做成氩激光发出的蓝光,可以在外科手术中连接动脉、去除肿瘤和治疗眼科疾病,等等。

用途如此之多的氩,曾在 1785 年由化学家、物理学家亨利·卡文迪许制备出来,但却没有确定这是一种新元素,直到 1894 年,才由英国物理学家约翰·威廉·斯特拉特和化学家威廉·拉姆齐通过实验确定氩是一种新元素。

约翰·威廉·斯特拉特画像

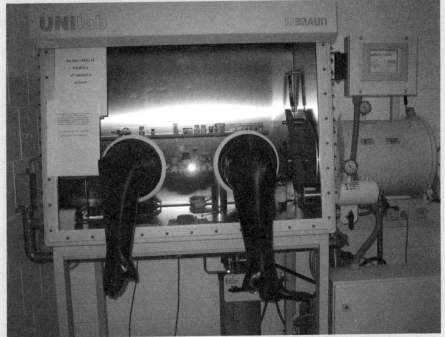

图为充满氩气的"手套箱"。"手套箱"主要功能在于对 O_2、H_2O、有机气体的清除。广泛应用于无水、无氧、无尘的超纯环境,如锂离子电池及材料、半导体、超级电容、特种灯、激光焊接、钎焊、材料合成、OLED、MOCVD 等。也包括生物方面的应用,如厌氧菌培养、细胞低氧培养等。

1842 年 11 月 12 日,约翰·威廉·斯特拉特出生于英国埃塞克斯郡莫尔登。先后于 1865 年和 1868 年获得剑桥大学三一学院学士和硕士学位。曾任职于剑桥大学,并在 1908—1919 年间,担任剑桥大学校长。他是 19 世纪后期到 20 世纪初期英国最出名的一位物理学家,在实验物理学、理论物理学方面,都有过重大的贡献。

然而,氩的发现,竟然是一项研究的意外收获。

约翰·威廉·斯特拉特是一位长期专注、致力于气体密度研究的科学家,他完成了对一些重要气体比如氢气、氧气、氮气等气体密度的测量,其中,他和威廉·拉姆齐(威廉·拉姆齐因发现了空气中的惰性气体元素,并确定了它们在元素周期表里的位置,获得了1904年的诺贝尔化学奖)在给氮气进行密度测量时,意外地发现了氩。

也正是这一意外发现以及他对一些重要气体的测量,使他独自获得了1904年的诺贝尔物理学奖。

氩也有危害性

氩的应用广泛,好处多多,并且自然存在于大气中的氩也不会对人体构成伤害。但是,在高浓度、人工提取的氩泄露的情况下,是会对人类造成致命威胁的:高浓度氩环境下,人会出现呼吸急促、头晕、恶心、呕吐、抽搐等症状,严重者会在几分钟内死亡。

氩在地球大气中的含量以体积计算为0.934%,而以质量计算为1.29%,工业上用的氩大多直接从空气中提取。此外,1973年,美国航空航天局的"水手号计划"发射的太空探测器飞过水星时,发现在稀薄的大气中有70%的氩气,科学家推断这些氩气是由水星岩石本身的放射性同位素衰变而成的。

促进阴极射线的应用

可以说,阴极射线的发现和阴极射线管的发明,拓展了人类生活的视野与宽度。

阴极射线技术被广泛应用到各种领域:电子示波器(示波器是一种用途十分广泛的电子测量仪器,它能把人肉眼看不见的电信号变换成看得见的图像,便于人们研究各种电现象的变化过程)中的示波管、电视显像管、电子显微镜等都使用了阴极射线技术;阴极射线还可直接用于切割、熔化、焊接等领域。此外,在雷达侦测、飞点扫描等领域,也用到了阴极射线技术。

早在 1858 年,阴极射线就被德国物理学家尤利乌斯·普吕克所发现;之后,英国物理学家威廉·克鲁克斯也发现了这种射线,并发明了克鲁克斯管(即阴极射线管,是将电信号转变为光学图像的一类电子束管)。相继的发现,引起了科学界的极大兴趣,德国科学家菲利普·爱德华·安东·冯·莱纳德也

菲利普·爱德华·安东·冯·莱纳德

一种由亥姆霍兹线圈（磁场发生器）产生的磁场弯曲成圆形的阴极射线束

加入研究阴极射线的大军之中。

1862 年 6 月 7 日，菲利普·爱德华·安东·冯·莱纳德出生于匈牙利普雷斯堡（现斯洛伐克布拉迪斯拉发）。他先后在布达佩斯大学、维也纳大学、柏林大学和海德堡大学学习物理学，并于 1886 年获得海德堡大学博士学位。

1888 年，莱纳德在海德堡大学工作期间，开始了对阴极射线的研究；1892 年，他到波恩大学工作，成为电子论的创立者海因里希·鲁道夫·赫兹的助手，在赫兹的指导下，他研制出被命名为"莱纳德窗"的阴极射线管，这种射线管比传统射线管更有优势，它既能够保持放电管内的真空状态，又可以让阴极射线穿过。因此，"莱纳德窗"阴极射线管，不但能研究阴极射线，也能研究阴极射线在放电管外引起的荧光现

象等。借助该射线管，他测量了各种物质对阴极射线的吸收情况，经过实验表明：物体对阴极射线的吸收与其密度成反比，阴极射线在物体中的穿透能力随着电压的升高而增强。同时，他还发现高能阴极射线能够穿过原子等。

1898 年，莱纳德发表了他的研究成果——《关于阴极射线的静电特性》的学术论文。这一成果极大地丰富了阴极射线的科技内容，促进了阴极射线在实际领域的应用和发展。

1905 年，菲利普·爱德华·安东·冯·莱纳德因关于阴极射线的研究取得的卓越成就，获得了当年的诺贝尔物理学奖。

诺贝尔物理学奖(1906 年)
获 得 者 约瑟夫·约翰·汤姆逊
国　　籍 英国
获奖原因 发现了电子的存在

成功来自于阅读

英国伟大的诗人约翰·弥尔顿说过:"书籍并不是没有生命的东西,它包藏着一种生命的潜力,与作者同样活跃。不仅如此,它还像一个宝瓶,把作者生机勃勃的智慧中最纯净的精华保存起来。"中国文化也讲阅读与积累的重要性,清代蒲松龄说:"书痴者文必工,艺痴者技必良。"表达的都是同样的道理。

著名英国物理学家约瑟夫·约翰·汤姆逊所取得的学术成就,就得益于他青少年时期大量的阅读体验与来自阅读之外的言传身教。

1856 年 12 月 18 日,约瑟夫·约翰·汤姆逊出生于英国曼彻斯特。他的父亲是一位印刷商人,这为少年汤姆逊提供了许多阅读书籍的机会,并

约瑟夫·约翰·汤姆逊

使他逐渐对一些科学乃至学术书籍产生了强烈的兴趣。

可以说,阅读的储备为汤姆逊打下了良好的科学研究基础。

同时,鉴于汤姆逊父亲从事的工作的缘故,他有幸结识了曼彻斯特大学的一些教授,自少年起便受到这些教授、学者的熏陶,这促使汤姆逊更加努力、认真地学习科学知识。在他年仅 14 岁的时候,便进入曼彻斯特大学学习。由于学习成绩出众,在 1876 年,他被保送进了剑桥大学三一学院深造。这一年,他 21 岁。

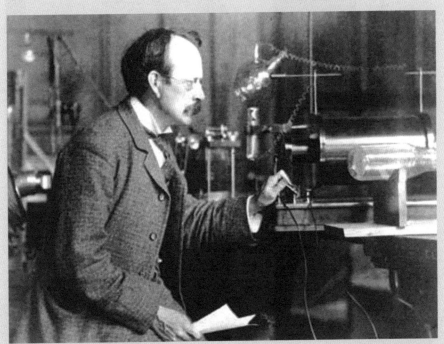

约瑟夫·约翰·汤姆逊在实验室

　　1884 年，汤姆逊担任了卡文迪许实验室（即英国剑桥大学物理系，由著名的英国物理学家詹姆斯·克拉克·麦克斯韦创立于 1871 年。为纪念伟大的物理学家、化学家、剑桥大学校友亨利·卡文迪许，故而将其命名为卡文迪许实验室）物理学教授。这期间，正是汤姆逊学术生涯的辉煌时期。

剑桥卡文迪许实验室外，纪念约瑟夫·约翰·汤姆逊发现电子的标牌。

　　19 世纪下半叶，当时的物理学界对"阴极射线由什么组成"存在诸多争议：有的科学家说它是电磁波；有的科学家说它是由带电的原子组成的；有的则说是由带阴电的微粒组成……这场关于阴极射线本质的争论，长达 20 余年。

　　直到 1897 年，这段学术争论终于告一段落，原因无他，而

是汤姆逊通过实验证实了阴极射线是由电子组成的。这也是人类首次用实验证实了一种基本粒子——电子——的存在。这一发现标志着人类对物质结构的认识进入了一个新层次。从此，向原子内部探索和分裂原子就成了20世纪初期物理领域中最振奋人心的口号。他因此被誉为"一位最先打开通向基本粒子物理学大门的伟人"。

1906年，约瑟夫·约翰·汤姆逊因为这一发现，获得了诺贝尔物理学奖。

约瑟夫·约翰·汤姆逊的教育贡献

作为一位卓越的教师和学术带头人，约瑟夫·约翰·汤姆逊为物理学的发展培养了大批优秀人才。

约瑟夫·约翰·汤姆逊在担任剑桥大学卡文迪许实验室教授及实验室主任的34年间，培养了众多的人才。在他的学生中，有10位获得了诺贝尔奖，这其中包括他的儿子乔治·汤姆逊（1937年的诺贝尔物理学奖获得者），有27人当选为英国皇家学会会员，有82人在各国任物理学教授，有8人被国王封为爵士。

约瑟夫·约翰·汤姆逊的学生欧内斯特·卢瑟福于1919年接替他就任卡文迪许物理学教授。

诺贝尔物理学奖(1907 年)

获 得 者	阿尔伯特·亚伯拉罕·迈克尔逊
国 籍	美国
获奖原因	发明光学干涉仪并使用其进行光谱学和基本度量学研究

光学之路

古希腊哲学家亚里士多德设想了一种物质——"以太"。在亚里士多德看来,物质元素除了水、火、气、土之外,还有一种居于天空上层的"以太"。

19 世纪,"以太"在电磁学、力学、光学领域占据了主流位置,很多科学家在实验中都未曾摆脱这个假象物质的存在。"以太"在物理学家们的脑袋里根深蒂固,左右着物理学的发展。

特别是在光学领域,当时学界普遍认为,光在传播过程中需要借助一种弹性介质传送光波,这种介质就是"以太"。

1887 年,对于物理学史来说,是一个重要年份。在这之前,很多物理学问题既无法解释清楚,也无

阿尔伯特·亚伯拉罕·迈克尔逊

法得出科学的结论；之后，很多物理现象有更为简单的解释。

这一年，著名波兰裔美国籍物理学家阿尔伯特·亚伯拉罕·迈克尔逊和美国物理学家莫雷·爱德华·威廉姆斯用他们发明的光学干涉仪，做了一个著名的实验——"迈克尔逊—莫雷实验"。这个实验的目的就是观测"以太"是否存在。

实验结果证实，"以太"并不存在，他们得出光速不变原理，还测量出了光速。这在物理学史上堪称浓墨重彩的一笔，成为近代物理学的发端。

此后，1904 年荷兰著名物理学家亨德里克·安东·洛伦兹提出的"洛伦兹变换"，1905 年阿尔伯特·爱因斯坦提出的"狭义相对论"，都是基于"迈克尔逊—莫雷实验"。

此外，他们发明的光学干涉仪经过不断改进，被广泛应用于天文

阿尔伯特·亚伯拉罕·迈克尔逊在美国海军服役时留影

阿尔伯特·亚伯拉罕·迈克尔逊，1852 年 12 月 19 日出生于波兰小镇史翠诺（当时隶属普鲁士王国），后随家人移居美国，并加入美国国籍。1869 年，他进入位于马里兰州首府安纳波利斯的美国海军学院，并于 1873 年毕业；1881 年，海军委派他到欧洲学习两年；1883 年，他成为凯斯西储大学的物理学教授；1889 年开始，他在克拉克大学任教授；1892 年，成为芝加哥大学物理学系第一任主任。除了诺贝尔物理学奖，他先后还获得过科普利奖章、亨利·德雷珀奖章以及海军天文协会金质奖章等。

学、光学、波谱分析、海洋学、地震学、工程测量、遥感、雷达等领域。

　　1907年，因为发明光学干涉仪并使用其进行光谱学和基本度量学研究，阿尔伯特·亚伯拉罕·迈克尔逊摘取了当年的诺贝尔物理学奖。

美国海军学院内，标志着迈克尔逊实验测量光的速度之路。

诺贝尔物理学奖(1908 年)	
获 得 者	加布里埃尔·李普曼
国 籍	法国
获奖原因	利用干涉现象来重现色彩于照片上的方法

彩色照相技术的发明者

从黑白影像到彩色影像,人类一直在努力,而彩色照相技术的诞生,真正为人类打开了五彩缤纷、斑斓多姿的大千世界。

人类的记忆、重要的历史时刻、生活的实景展现与驻留……通过彩色相机定格了下来。而发明彩色照相技术的就是法国科学家加布里埃尔·李普曼。

1845 年 8 月 16 日,加布里埃尔·李普曼出生于卢森堡。他的父母原本是法国人,当时在卢森堡为贵族人家做家庭教师,考虑到儿子加布里埃尔·李普曼出生以后,还要接受法国教育和法国文化,他们毅然决定离开卢森堡,回到法国。在加布里埃尔·李普曼 3 岁的时候,他们在法国巴黎安了家。

巴黎的文化熏陶、艺术气息的感染、

加布里埃尔·李普曼

父母的良好修养，都对加布里埃尔·李普曼产生了潜移默化的影响——他既有远大理想，又埋头苦学；既谦虚谨慎，又思维开放。

1868年，他考上巴黎高等师范学校教育系，但是，这并不是他理想的专业，他的兴趣在物理学上。第二年，加布里埃尔·李普曼就转入物理系。1882年，他成为巴黎大学数理教授；1886年，他被选为法国科学院院士。

加布里埃尔·李普曼在物理学上造诣很深，研究范围很广，他在电学、热学、光学和光电学方面的研究成绩卓著，被当时的欧洲科学界公认为权威。特别是对发展实验物理学作出了诸多贡献，其中彩色照相技术就是他的杰作之一。

当时黑白相机只能记录黑白影像的问题引起了加布里埃尔·李普曼的注意，他在思考如何把黑白影像变成彩色影像，来记录这个

19世纪90年代，加布里埃尔·李普曼使用"彩色照相技术"拍摄的照片。

大千世界的美好呢？

　　这一思考，用去了他十余年的时间。终于在 1893 年，加布里埃尔·李普曼利用"干涉现象"拍摄出历史上第一张真正意义上的彩色照片，并把他提交给了法国科学院；1894 年，加布里埃尔·李普曼发表了有关"彩色照相技术"的完整理论。这一理论的公布，犹如一湖静水被投入一颗石块，在世界上引起了巨大的轰动，他也因此获得了 1908 年的诺贝尔物理学奖。

　　虽然"彩色照相技术"应用范围有限，但它却开启了彩色人生的大门，推进了照相技术的发展。

诺贝尔物理学奖(1909 年)		
获 得 者	古列尔莫·马可尼	卡尔·费迪南德·布劳恩
国 籍	意大利	德国
获奖原因	对无线电报的发展的贡献	

无处不在的"网"

在当今社会里,由无线电构成的"网"无处不在、无孔不入,从日常生活到高端科技,都能轻易捕捉到无线电的影子——日常生活中的广播、电视、微波炉、Wi-Fi 以及 GPS 导航,航天科技里的卫星、雷达、飞机等,都使用了无线电技术。

那么,你知道无线电是谁发明的?发明它的时候又有哪些故事呢?就让我们重温一下这项伟大的发明吧。

它的发明人是意大利工程师古列尔莫·马可尼,以及对该项技术改进的德国物理学家卡尔·费迪南德·布劳恩。

1874 年 4 月 25 日,古列尔莫·马可尼出生于意大利博洛尼亚市。他的父亲

古列尔莫·马可尼在工作中

是一位意大利乡绅，家庭十分富裕。少年时的古列尔莫·马可尼几乎没有在正规的学校读过书，不过富裕的家境使他有一位大学物理学教授做家教。这位可以视作他启蒙老师的教授，不但允许古列尔莫·马可尼使用学校的实验室，还准许他将实验仪器借回家中，并且同意他借阅学校图书馆的图书，这为他今后的无线电技术研究提供了便利条件。

1894 年 1 月 1 日，用"实验证实了电磁波的存在"的德国物理学家海因里希·鲁道夫·赫兹去世。而此时的古列尔莫·马可尼正就读于博洛尼亚大学。这一年，20 岁的马可尼早已悉知了海因里希·鲁道夫·赫兹的学术成果，开始了关于电磁波的研究。

古列尔莫·马可尼从海因里希·鲁道夫·赫兹的研究成果中感悟出，既然电磁波的传输不需要任何介质，那么是否能依靠这些电磁波传递更为丰富的信息呢？于是，他就在实验

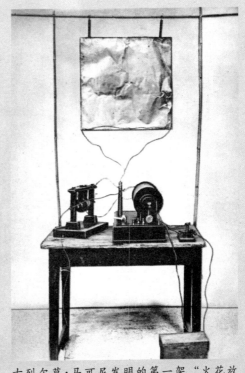

古列尔莫·马可尼发明的第一架"火花放电式莫尔斯电报机"装置图

中证实他的这一想法。

　　起初，古列尔莫·马可尼在家中的楼上安装了发射电波的装置，楼下放置了检波器（接收器），检波器与电铃相接。他在楼上一接通电源，楼下的电铃就响了起来。这虽然是一次短距离的电磁波传输信号，但却给古列尔莫·马可尼带来了极大的信心，他想着更远距离的无线电信号传输。

　　1895年，古列尔莫·马可尼又做了进一步的实验。他从两方面改进"无线电"传输技术：一方面改进了检波器的成分（把检波器的金属粉改为银粉，或镍、银粉混合物，并排除空

1897年5月13日，古列尔莫·马可尼（左一）正在检测无线电设备。

气），增加了检波器的灵敏度；另一方面，给发射器安装了天线，增加了发射器的发射功率。这次实验，他成功地使无线电信号传输距离达到了 2.4 千米。

1896 年，古列尔莫·马可尼继续实验并改进无线电技术，使传输的距离从 6.5 千米达到 9.5 千米。同年，他申请了第一个以应用电波为基础的无线电报的专利权。

1901 年 12 月，古列尔莫·马可尼在北美纽芬兰收到从大西洋彼岸的英国发出的无线电报信号。这次事件引起了全世界关注，各国媒体纷纷对此事进行报道。至此，无线电可长距离传输信号已经成为不争的事实。

而来自德国的物理学家卡尔·费迪南德·布劳恩则在马可尼发明的基础上，对发报机做了

卡尔·费迪南德·布劳恩，1850 年 6 月 6 日出生于德国富尔达。1868 年，开始在德国马尔堡大学学习数学和自然科学；1869 年，转去柏林大学研究天线；1872 年，获得物理学博士学位，先后在马尔堡大学（1876 年）、斯特拉斯堡大学（1880 年）和卡尔斯鲁厄大学（1883 年）任物理学副教授和教授；1887 年又应蒂宾根大学的邀请负责建立物理学研究所；1895 年他回到斯特拉斯堡大学任物理研究所主任和教授，把主要精力用于电学研究。

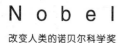

根本性的改进，并发明了磁耦合天线。这些成果增大了通信距离、减少了受到雷击的危险等。如今，磁耦合天线仍然被应用于收音机、电视机、电台和雷达上。

1909年，古列尔莫·马可尼与卡尔·费迪南德·布劳恩一起分享了当年的诺贝尔物理学奖。马可尼也因"对无线电报的发展的贡献"而被誉为"无线电之父"。

诺贝尔物理学奖(1910 年)		
获 得 者	约翰尼斯·迪德里克·范·德·瓦耳斯	
国 籍	荷兰	
获奖原因	关于气体和液体的状态方程的研究	

不懈努力的成功典范

1837 年 11 月 23 日，约翰尼斯·迪德里克·范·德·瓦耳斯出生于荷兰莱顿一个贫困的家庭，且兄弟姐妹众多，而他的父亲只不过是一位木匠，养活这么多子女自然不易。这对于约翰尼斯·迪德里克·范·德·瓦耳斯而言，是个不幸的事情，因为他的出身意味着不能接受更高等级的大学教育，于是在他 15 岁完成小学教育之后，便谋了一个小学教师的差事，为家庭重担分责。

现实并没有打消约翰尼斯·迪德里克·范·德·瓦耳斯追逐科学的梦想。他在教书之余，不断提升自己的知识积累，在学校跟着一同授课的老师学习，回到家里自学，并从这些事情中得到了乐趣。诚如阿尔伯特·爱因斯坦所言："工作的最重要的动力是工作中的乐趣，是工作获得结果时的乐趣，以及对这个结果的社会价值的认识。"

1863 年，荷兰政府为了服务那些高、中产阶级的孩子，创

立了一所新的中学——代芬特尔商学院。

而此时，正在一所小学授课的约翰尼斯·迪德里克·范·德·瓦耳斯希望成为一名在代芬特尔商学院教授数学及物理课的教师，于是，他花了两年的时间为所需要的考试做准备。

有志者事竟成，用这句名言来评价约翰尼斯·迪德里克·范·德·瓦耳斯再贴切不过了——1865年，他终于被聘请为代芬特尔商学院的物理教师。

1866年，约翰尼斯·迪德里克·范·德·瓦耳斯终于圆了大学梦：他顺利地考入莱顿大学，并获得了莱顿大学物理和数

约翰尼斯·迪德里克·范·德·瓦耳斯就读的莱顿大学，被誉为"现代物理学奠基之地"。曾有16位诺贝尔奖得主在该大学求学、科研、执教或者讲学。

学的博士学位。

而约翰尼斯·迪德里克·范·德·瓦耳斯的博士论文，则使他名列首要等级的物理学家——这一切的成功都源于其自我的追求与不懈的努力。

在约翰尼斯·迪德里克·范·德·瓦耳斯那篇名为《论气态和液态的连续性》的论文中，他提出的著名的"范德瓦耳斯方程"（他在研究物质气、液、固三态相互转化的条件

约翰尼斯·迪德里克·范·德·瓦耳斯

时，推导出临界点的计算公式，计算结果与实验结果相符）受到了广泛的重视和应用。比如，根据范德瓦耳斯方程提供的理论，可以制造液态高分子材料等。

总之，范德瓦耳斯方程的提出，为他赢得了无数的声誉——他被授予剑桥大学的博士学位，并成为爱尔兰皇家科学院、美国哲学学会、比利时皇家科学院、外国化学伦敦学会会员。

1910 年，因关于气体和液体的状态方程的研究，约翰尼斯·迪德里克·范·德·瓦耳斯荣获了诺贝尔物理学奖。

诺贝尔物理学奖(1911 年)	
获 得 者	威廉·维恩
国 籍	德国
获奖原因	发现热辐射规律——维恩位移定律和建立黑体辐射的维恩公式

揭开量子力学新领域

当你打开电视收看天气预报的时候，气象云图上会显示以色块标识的有关天气、温度或森林火灾监测等，这种预报方式更加直观，也更加准确。

而这一技术的应用应感谢德国物理学家威廉·维恩，他的研究成果为这一现代科技的应用奠定了坚实的理论基础。

1864 年 1 月 13 日，威廉·维恩出生于东普鲁士（现俄罗斯）的菲施豪森。他的父亲卡尔·维恩是一位地主，富裕的家庭生活让年幼的威廉·维恩接受了良好的教育。

威廉·维恩

1880—1882 年，威廉·维恩就读于海德堡中学；1882 年，就读于哥廷根大学，同年转去柏林大学；1883—1885 年，他在赫尔曼·冯·亥姆霍兹实验室工作，并于 1886 年获得博士学位。

此后，威廉·维恩的父亲因病不能打理土地，他不得不回到家里帮助父亲。

直到 1890 年，威廉·维恩的父亲变卖了家中的土地，这时的他才重新回到赫尔曼·冯·亥姆霍兹实验室，开始他的科学研究。作为赫尔曼·冯·亥姆霍兹的助手，他在国家物理工程研究所工作期间，对热动力学进行理论研究，尤其是热辐射的定律。

在接下来的数年间，威廉·维恩在热辐射领域相继提出了三个重要成果——

1893 年，提出"维恩位移定律"。

1894 年，提出"黑体"（热力在发生辐射的时候，投射到物体上的辐射热，能够全部被该物体所吸收，那么这个物体就叫做绝对黑体。这种绝对黑体是理论上的理想化物体，在现实生活中，很多东西都不是绝对黑体）概念。

1896 年，提出"维恩公式"，即"维恩辐射定律"。

威廉·维恩的这一物理学理论成果，被科学界誉为"揭开量子力学新领域"。

除了对量子力学的贡献，他的成果还被广泛应用于诸多领域，比如通过测定星体的光谱线的分布来确定其热力学温

度；也可以通过比较物体表面不同区域的颜色变化情况，来确定物体表面的温度分布。这种表示热力学温度分布的图被称为"热象图"。使用热象图的遥感技术可以判定气温，监测森林火灾。在医疗领域，热象图用以检查人体内部器官病变。此外，热象图在宇航、工业、军事等领域也都发挥着极大的作用与价值。

1911年，因发现热辐射规律——维恩位移定律和建立黑体辐射的维恩公式，威廉·维恩荣获了当年的诺贝尔物理学奖。

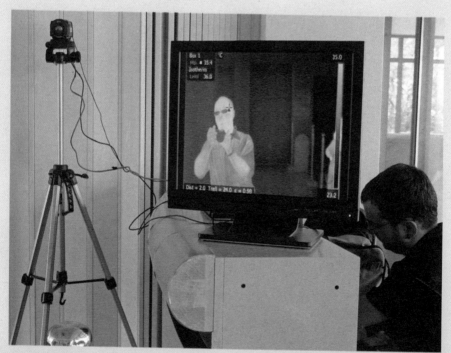

热象图在医学中的应用

诺贝尔物理学奖（1912 年）	
获 得 者	尼尔斯·古斯塔夫·达伦
国籍	瑞典
获奖原因	发明用于控制灯塔和浮标中气体蓄积器的自动调节阀

"航海者的恩人"

　　暗礁、冰川、迷航、死亡……这些关键词，成为航海者的致命软肋。

　　早期的航海者依靠火光引导航行路线，但这种以明火照明的方式有很多问题，比如暴风骤雨都会导致火焰的熄灭。即使后来有了灯塔和照明浮标，但是，是否能够提供持续的能源或燃料，又成为一大难题。

　　因国际贸易的往来频繁，海上航线越来越长。在这种情况下，迫切需要服务于航海业的既安全又耐用的设备——灯塔和照明浮标。热爱发明的机械工程师尼尔斯·古斯塔夫·达伦最终解决了这一难题，他的发明使他成为"航海者的恩人"。

　　1869 年 11 月 30 日，尼尔斯·古斯塔夫·达伦出生于瑞典卡拉堡的斯滕斯托

尼尔斯·古斯塔夫·达伦

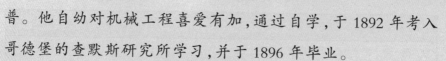

普。他自幼对机械工程喜爱有加，通过自学，于1892年考入哥德堡的查默斯研究所学习，并于1896年毕业。

1900年，为了实现自己的梦想，做一个发明家，尼尔斯·古斯塔夫·达伦与好朋友阿尔辛共同成立了达—阿工程公司。由于业务往来，他又身兼瑞典碳化钙和乙炔公司的业务经理。在此期间，他发明了一种在小体积的储气罐里存贮大量乙炔的方法，这就是我们今天常见的家用"煤气罐"。

在发明被命名为"AGA储气罐"（乙炔储气罐）的基础上，尼尔斯·古斯塔夫·达伦将这一发明运用到了服务于航海业的设备上。

1895年的尼尔斯·古斯塔夫·达伦

随着灯塔和照明浮标的需求量与日俱增，当时人们正在寻求增大这些设备中光源发光强度的方法，而且想方设法能使这些光源更加容易识别。那么问题来了，它的关键就在于：一方面要有自动开关来使灯塔按某一频率闪光；另一方面要有自动调节器在增大能耗功率的同

时，减小燃料的消耗。

聪明的尼尔斯·古斯塔夫·达伦使用"AGA 储气罐"中的乙炔作为能源，解决了上述两个问题：

1904 年，他设计了一种自动气阀，能在极短的瞬间，释放出少量乙炔气体来点燃成闪光，然后阀门自动关闭，如此反复。

1907 年，为了进一步节约灯塔中的乙炔燃料，他又发明了一种太阳能自动控制器——日出时自动把频闪乙炔灯灭掉，日落时又自动将频闪乙炔灯点燃。

建于 1912 年的位于斯德哥尔摩附近的"AGA 灯塔"

　　在此之后,由尼尔斯·古斯塔夫·达伦发明的这种设备被很多沿海国家使用。

　　1912年,因发明用于控制灯塔和浮标中气体蓄积器的自动调节阀,尼尔斯·古斯塔夫·达伦获得了当年的诺贝尔物理学奖。

　　值得一提的是,他的获奖也成为诺贝尔奖历史上的争议奖项之一,因为相对于高标准、严要求的诺贝尔奖门槛而言,这样的发明的确低级了点。而且,随着航海业的进步,尼尔斯·古斯塔夫·达伦的发明也已经不再使用(被电气化取代)。但是,不可否认的是,在一个特定的历史时期内,尼尔斯·古斯塔夫·达伦的发明还是发挥了极大的作用。

诺贝尔物理学奖(1913 年)		
获 得 者	海克·卡末林·昂内斯	
国 籍	荷兰	
获奖原因	在低温下物体性质的研究,尤其是液态氦的制成(超导体的发现)	

从氦到磁悬浮列车

目前,磁悬浮列车早已进入公众视野,在我国有上海磁浮示范运营线。关于磁悬浮列车最重要的一项应用,即利用超导体的抗磁性而实现磁悬浮。

磁悬浮的原理

在列车车轮旁边安装小型超导磁体,在列车向前行驶时,超导磁体向轨道产生强大的磁场,并和安装在轨道两旁的铝环相互作用,产生一种向上的浮力,从而消除了车轮与钢轨的摩擦力,起到了加快车速的作用。

除此之外,超导体在运载领域里还有轮船动力系统的超导电机、电磁空间发射工具及飞机悬浮跑道等。可以说,超导体的发现,为现代高科技的发展提供了强大的应用基础。

那么,你知道,超导体的发现者是谁吗?他就是荷兰科学家海克·卡末林·昂内斯。他还有一个雅号叫"绝对零度先

高速行驶时的磁悬浮列车

生",这与他发现超导体有关。

　　1853 年 9 月 21 日，海克·卡末林·昂内斯出生于荷兰格罗宁根。他母亲艺术素养很高，他姐夫是一位很有名气的画家，这样的家庭环境，使得海克·卡末林·昂内斯自幼便生活在一个艺术气氛浓厚的环境里，他热爱音乐、绘画、诗歌，年轻时的他绝对是一位文艺青年。

　　1870 年，海克·卡末林·昂内斯进入格罗宁根大学攻读物理学，并于次年转入德国海德堡大学。在那里，他遇到了影响他一生的化学家罗伯特·威廉·本生和物理学家古斯塔夫·罗

伯特·基尔霍夫。

1882年，大学毕业后，海克·卡末林·昂内斯成为莱顿大学实验物理学教授，并创建了闻名世界的低温研究中心——莱顿实验室。在这里，他开始研究低温下氦的性质。

1908年7月10日，对于海克·卡末林·昂内斯来说是个极其重要的日子，他和他的同事共同实现了氦的液化。或许有人会问，这有什么值得惊喜的，要知道，氦的沸点为-269℃，要实现如此低的温度下使其液化并非易事。

然而，海克·卡末林·昂内斯并不止于这一成就，他把目光瞄得更为长远，他要研究的是在极度低温条件下物质的各

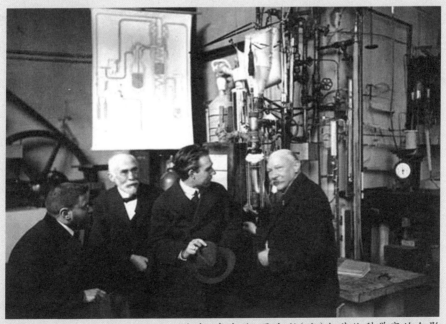

海克·卡末林·昂内斯（右）与其他科学家的合影

种特性。

1911年，海克·卡末林·昂内斯迎来了他物理学研究上最辉煌的一刻：他用液氦冷却水银，当温度下降到 −268.95℃时，水银的电阻竟然完全消失了。后又经过多次反复实验，1913年，海克·卡末林·昂内斯对外宣布这一科学成果，并把这一现象命名为"超导"。

因在低温下物体性质的研究，尤其是液态氦的制成方面作出的贡献，海克·卡末林·昂内斯荣获了1913年诺贝尔物理学奖。

诺贝尔物理学奖(1914 年)		
获 得 者	马克斯·冯·劳厄	
国 籍	德国	
获奖原因	发现晶体中的 X 射线衍射现象	

"物理学最美的实验"

自从伦琴发现了 X 射线之后,关于 X 射线的研究从未停止。据统计,到 1896 年的时候,关于 X 射线研究的论文已多达 1000 篇以上。

伦琴之后,对于 X 射线研究作出卓越贡献的当属马克斯·冯·劳厄——他发现了 X 射线衍射现象,并因此而获得了 1914 年的诺贝尔物理学奖。

1879 年 10 月 9 日,马克斯·冯·劳厄出生于德国。他在青少年时期就表现出对自然科学的兴趣,当他在斯特拉斯堡中学时,他的一位老师还把德国著名物理学家赫尔曼·路德维希·斐迪南德·冯·亥姆霍兹的通俗科学讲演集推荐给他看,这极大地鼓舞了马克斯·冯·劳厄,并对他走向科学研究的道路有着深远的影响。

马克斯·冯·劳厄

1914 年的马克斯·冯·劳厄

位于哥廷根的马克斯·冯·劳厄
墓碑

中学毕业后,马克斯·冯·劳厄先后就读于斯特拉斯堡大学、格丁根大学、慕尼黑大学和柏林大学。1909 年,他到慕尼黑大学任教。当时,慕尼黑大学颇为流行的学术研究课题之一是有关 X 射线,这让马克斯·冯·劳厄产生了一个想法:用 X 射线照射晶体,并用以研究固体结构。

马克斯·冯·劳厄为了实现这一想法,首先设计并制造了研究晶体的仪器——X 射线衍射仪。1912 年,他带领他的学生使用 X 射线衍射仪进行了一系列的实验。最终,他用劳厄方程、几何等理论成功解释了实验结果,并提出了 X 射线在晶体中的衍射现象。

后来,这个实验被爱因斯坦誉为"物理学最美的实验"。

X 射线衍射现象发现以后,

很快被用于研究金属和合金的晶体结构等领域。而马克斯·冯·劳厄的实验方法也被用于收集蛋白质或病毒晶体的衍射数据，并依此数据，成功测定出鹅蛋白、溶菌酶等大分子结构，导致了大分子晶体学的诞生。

上述成果，即马克斯·冯·劳厄的贡献所在。

X 射线衍射的价值与应用

X 射线衍射现象的发现，在固体物理学中具有里程碑式的意义，对于生物学、化学、材料科学的发展都起到了巨大的推动作用。比如 1953 年詹姆斯·杜威·沃森和弗朗西斯·哈利·康普顿·克里克，就是借助 X 射线衍射方法得到了 DNA 分子的双螺旋结构。

除了在学术研究方面的推动作用，在实际运用中，X 射线衍射与计算机技术相结合，加快了晶体研究的分析速度和准确性；在岩矿勘探中，X 射线衍射技术已经成为研究黏土矿物的最重要手段，并能对泥、页岩中自生矿物和碎屑矿物做定量分析；此外，它还用于固体有机质的显微结构与变质程度的研究，等等。

诺贝尔物理学奖(1915 年)	
获 得 者	威廉·亨利·布拉格　　威廉·劳伦斯·布拉格
国 　 籍	英国　　　　　　　　英国
获奖原因	用 X 射线对晶体结构的研究

父子同获一个诺贝尔奖

　　1915 年的诺贝尔物理学奖,颁发给了因在"用 X 射线对晶体结构的研究"方面作出贡献的威廉·亨利·布拉格和威廉·劳伦斯·布拉格。这届诺贝尔物理学奖的独特之处在于:父子两代同获一个诺贝尔奖;威廉·劳伦斯·布拉格当年只有 25 岁,是历史上最年轻的诺贝尔物理学奖获奖者。

　　1862 年 7 月 2 日, 威廉·亨利·布拉格出生于英国威格顿。1881 年,他进入剑桥大学三一学院学习数学;1885 年,成为澳大利亚阿德莱德大学数学物理教授。

　　1909 年, 威廉·亨利·布拉格到利兹大学担任物理学教授。这一期间,是他研究 X 射线的关键时期,他的儿子威廉·劳伦斯·布拉格也加入了这项研究当中。

　　威廉·劳伦斯·布拉格出生于 1890 年 3 月 13 日, 在圣彼得学院接受早年教育后, 进入阿德莱德大学学习,1908 年以优等成绩获得数学学位。1909 年,威廉·劳伦斯·布拉格跟随父亲来到英国，进入剑桥大学三一学院学习自然科学。

从 1912—1914 年，父子两人一起从事关于 X 射线的研究工作。1915年，他们对外公布了他们的研究成果，题为《X 射线和晶体结构》。其中，威廉·亨利·布拉格还发明了第一台用于测定晶体内部结构的 X 射线光

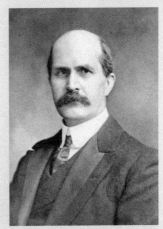

威廉·亨利·布拉格

威廉·劳伦斯·布拉格（左）和父亲在一起

威廉·亨利·布拉格发明的 X 射线光谱仪

谱仪。

　　也许大家会觉得晶体学离我们很遥远，其实，晶体学离我们非常非常近。关于晶体的研究已经涉及人类生活的方方面面，比如，同样由碳元素组成的钻石和石墨，为什么一个那么坚硬，可以用来切割玻璃，而另一个又那么柔软，软到拿来制作润滑剂？这就是晶体学所要解释的。再比如，对于蛋白质、DNA等晶体结构的分析研究，可以帮助人类了解生物体是如何运转以及实现各种功能的。此外，在珠宝鉴定行业，利用 X 射线鉴定珠宝的晶体结构是判断珠宝真伪的方法之一。

威廉·劳伦斯·布拉格

总之，任何一项科学技术的发展，都在推动人类社会的进步，也会在不知不觉中改变人类的生活。

诺贝尔物理学奖(1917 年)	
获 得 者	查尔斯·格洛弗·巴克拉
国 籍	英国
获奖原因	发现 X 射线的散射现象

专为等待而来

自 1901 年威廉·康拉德·伦琴因发现 X 射线获得第一届诺贝尔物理学奖之后,1914 和 1915 年,连续两届产生的诺贝尔物理学奖也都是关于 X 射线的相关研究。在诺贝尔物理学奖的历史上,已经三次颁发出与 X 射线有关的诺贝尔物理学奖。

1916 年的诺贝尔物理学奖没有颁发出来, 好像是专为 1917 年的诺贝尔物理学奖而等待。1917 年的诺贝尔物理学

查尔斯·格洛弗·巴克拉

奖, 授予了因发现 X 射线的散射现象的英国物理学家查尔斯·格洛弗·巴克拉, 这是第四个与 X 射线相关的诺贝尔物理学奖。

1876 年 6 月 7 日, 查尔斯·格洛弗·巴克拉出生于英国兰开夏郡的威德内斯。1894 年, 他进入利物浦大学攻读数学

和物理学，他的导师是发现电子的英国物理学家约瑟夫·约翰·汤姆森以及著名物理学家奥利弗·约瑟夫·洛奇。在海因里希·鲁道夫·赫兹发现并证明电磁波之后不久，奥利弗·约瑟夫·洛奇也有同样的发现。

1898 年，查尔斯·格洛弗·巴克拉以优异成绩毕业于利物浦大学物理系，于次年获硕士学位。1899 年后，相继在剑桥大学三一学院、国王学院深造。

1902 年，他回到恩师奥利弗·约瑟夫·洛奇的身边做助手，也正是从这一年开始进行 X 射线的研究，并在这一领域有了一系列重大发现：证实了 X 射线具有偏振性（X 射线的散射现象）；创立了 X 射线特征谱线（也叫标识谱线）等。

X 射线的散射技术

当 X 射线穿过晶体时，射线波偏离了直线传播的轨道，而分散向其他方向传播，这就是 X 射线的散射现象。发生散射现象的原因，则是物体内部各部分密度分布不均匀所致。在地质勘探过程中，对岩矿进行必要的分析和鉴定，就会用到 X 射线的散射技术。具体办法是根据 X 射线的电磁波对晶体的衍射强度，将这些数据收集起来，准确地鉴定晶体的结构。

其中，X 射线小角散射是一种常用的 X 射线散射技术。它是一种区别于 X 射线大角衍射的结构分析方法，英文简写为 SAXS。X 射线小角散射已成为研究微观世界的有力工具。

　　这些研究成果，直接导致威廉·亨利·布拉格父子发现了X射线的衍射现象，这对建立原子结构理论极其重要；它也是揭示原子结构的重要途径，因而被应用于诸多微观领域的研究。比如在纳米材料研制方面，可以研究纳米分子的粒度分布；在聚合物方面，可以研究结晶过程中发挥外场的诱导作用；在生物学上，可以研究物质的蛋白形状和生理环境；而X射线小角散射技术还被应用到医药领域，以及天然或人工复合材料上。

　　总之，X射线的研究成果，在20世纪初期占有非常重要的地位，它为人类源源不断地认识与发现物质的微观世界，提供了方便而实用的技术支撑。

诺贝尔物理学奖(1918 年)		
获 得 者	马克斯·普朗克	
国 籍	德国	
获奖原因	对量子的发现而推动物理学的发展	

新物理学革命

20 世纪，有两位科学家被誉为"20 世纪最重要的两大物理学家"，他们就是阿尔伯特·爱因斯坦和马克斯·普朗克。对于前者，他因相对论而享誉世界；而对于后者，大家可能没有那么熟悉，但是这位科学家却是量子的发现者，也是量子力学的创始人之一，他的开拓性研究成果，宣告着一个新物理学时代——量子力学的来临。

1858 年 4 月 23 日，马克斯·普朗克出生于德国荷尔施泰因。他出生在一个学术世家：他的曾祖父和祖父都是哥廷根的神学教授，他的父亲是基尔大学和慕尼黑大学的法学教授，他的叔叔是哥廷根的法学家和德国民法典的重要创立者之一。这样一个群星闪耀的家庭，使马克斯·普朗克从出生的那一刻起，就带着不同于常人的荣耀

马克斯·普朗克

1874 年的马克斯·普朗克

1878 年的马克斯·普朗克

与光环。

少年时期的马克斯·普朗克便对数理方面表现出极大的兴趣。特别是 1867 年，他随家人搬去慕尼黑之后，在马克西米利安文理中学，遇到了他的启蒙恩师——数学家奥斯卡·冯·米勒（此后成为德意志博物馆的创始人）。从恩师那里，马克斯·普朗克第一次接触到物理学，第一次知道能量守恒定律等有趣而深邃的科学知识。

马克斯·普朗克出生于学术世家，会让人误以为他无趣、性格古板，事实则相反，他兴趣广泛，钢琴、管风琴和大提琴是他的业余爱好，他还曾为多首歌曲和一部轻歌剧作曲。这些兴趣伴随了他一生：在马克斯·普朗克任教柏林大学期间，他会定期在家里举办音乐沙龙，邀请附近大学的科学家来参加宴会，在美妙音乐的伴奏下，既享受人生的美好，又能彼此交流学术见解。阿尔伯特·爱因斯坦也是音乐沙龙的常客之一，以致后来，两人成为莫逆之交。

1877—1878 年，马克斯·普朗克到柏林大学学习物理学，他的导师有著名物理学家赫尔曼·冯·亥姆霍兹、古斯塔夫·罗伯特·基尔霍夫以及数学家卡尔·魏尔施特拉斯等。可以说，这些导师的引领，为他进入物理学领域打开了一扇非常宽敞的大门。

1879 年，马克斯·普朗克完成了他的博士论文《关于热力

从左到右依此是：瓦尔特·赫尔曼·能斯特、阿尔伯特·爱因斯坦、马克斯·普朗克、R.A.密立根和马克斯·冯·劳厄。拍摄于 1931 年 11 月的柏林。

学第二定律》。顺利毕业之后，他便开始专注于理论物理学方面的研究事业。

1900年10月下旬，马克斯·普朗克在《德国物理学会通报》上发表了题为《论维恩光谱方程的完善》的论文，第一次提出了黑体辐射公式。同年12月14日，在德国物理学会例会上，他作了《论正常光谱中的能量分布》的报告，首次提出量子概念。

此后，量子力学领域的时间轴线上，出现了许多科学大家，从马克斯·普朗克到阿尔伯特·爱因斯坦，还有广为人知的科学家斯蒂芬·威廉·霍金，他们让那些枯燥难懂的物理学

量子、量子力学及其价值

所谓量子，是指一个物理量如果存在最小的不可分割的基本单位，则这个物理量是量子化的，并把最小单位称为量子，从而延伸出的量子力学、量子光学等。

量子力学是物理学的一个分支学科，主要研究微观粒子的运动规律。量子力学虽然只是一种物理学理论，但是依然在诸多领域发挥了重要作用。比如为人类所熟知的激光、电子显微镜、原子钟、医学上的核磁共振成像等，都利用了量子力学的基本原理；在电子工业上，利用它发明出了二极管和三极管这种半导体；在核武器研究过程中，量子力学也发挥了主导作用，第二次世界大战中，美国使用的原子弹就运用了量子力学理论。

理论普及开来,浅显直白地走进了每个人的心中。

　　1918 年,因对量子的发现,马克斯·普朗克顺理成章地获得了当年的诺贝尔物理学奖。

诺贝尔物理学奖（1919 年）	
获 得 者	约翰尼斯·斯塔克
国 籍	德国
获奖原因	发现极隧射线的多普勒效应以及电场作用下谱线的分裂现象

声名鹊起的科学家

1874 年 4 月 15 日，约翰尼斯·斯塔克出生于德国巴伐利亚州的希根霍夫一个富裕的家庭，他的父亲是一位农场主。因此，约翰尼斯·斯塔克自幼便接受了良好的教育。他先后在拜罗伊特和雷根斯堡读过大学预科，后进入慕尼黑大学攻读物理学。

1897 年，约翰尼斯·斯塔克在慕尼黑大学取得博士学位；1898 年，任慕尼黑大学物理研究院助教；1900 年，任哥廷根大学无薪教师；1906 年，任汉诺威技术高等学院特聘教授；1909 年，成为亚琛工业大学的特许教授；1917 年，任格赖夫斯瓦尔德大学教授。

约翰尼斯·斯塔克一生硕果累累，在物理学领域的诸多方面都作出过重大贡献。1908 年，他曾提出了原子的电子模型，认为化学键是由于电子共享引起的。此外，他还提出了"极隧射线的多普勒效应""斯塔克效应""斯坦克—爱因斯坦

建于 1870 年的亚琛工业大学主建筑。约翰尼斯·斯塔克在该校工作期间，取得了诺多学术成果。

方程""斯坦克数"等。

这些研究成果，使得约翰尼斯·斯塔克声名鹊起。他的研究成果也被诸多科学家如阿尔伯特·爱因斯坦、尼尔斯·亨利克·戴维·玻尔、瓦伯、阿诺·索末菲、埃普斯坦、埃尔温·薛定谔等拿来研究或证实。

而令约翰尼斯·斯塔克获得诺

约翰尼斯·斯塔克

气体放电管产生的正离子束（即极隧射线），这种带电粒子流打在玻璃放电管管壁会产生荧光。

约翰尼斯·斯塔克

贝尔物理学奖的成果则是有关极隧射线的研究。

1886 年，德国物理学家欧根·戈尔德施泰因首次在含有稀薄气体的放电管中发现了极隧射线。这种射线后来被证明主要是由放电管中带电的气体原子组成的。

1913 年，约翰尼斯·斯塔克在实验中，发现极隧射线的多普勒效应，以及电场作用下谱线的分裂现象，即斯塔克效应。

他关于极隧射线的研究成果主要应用于原子、分子结构的研究上，推动了光学、原子物理学和量子力学的发展。比如，1916 年，阿尔伯特·爱因斯坦把斯塔克效应纳入到量子力学的框架；1926 年，薛定谔证明斯塔克效应与波动力学是一致的。

此外，在斯塔克效应基础

上，发展出来的量子限制斯塔克效应，为光学器件光开关的制造提供了理论支撑，助推了光纤通信技术的发展。

1919 年，约翰尼斯·斯塔克因发现极隧射线的多普勒效应以及电场作用下谱线的分裂现象而获得了当年的诺贝尔物理学奖。

极隧射线

极隧射线，又叫通道射线。1895 年，让·巴蒂斯特·佩兰指出这些射线由带正电的粒子组成；1907 年，约瑟夫·约翰·汤姆逊把它称为"正射线"。 1911 年，欧内斯特·卢瑟福利用极隧射线发现了质子的存在。

诺贝尔物理学奖(1920 年)	
获 得 者	夏尔·爱德华·纪尧姆
国 籍	瑞士
获奖原因	发现镍钢合金于精密物理中的重要性

钟表、合金和诺贝尔奖

　　1861 年 2 月 15 日，夏尔·爱德华·纪尧姆出生于瑞士纳沙泰尔州的弗勒里耶，小镇弗勒里耶以生产钟表和精密仪器闻名于世。

　　夏尔·爱德华·纪尧姆的爷爷是一位钟表制造商，祖籍法国，后来移居到英国伦敦，随着家族钟表生意的兴旺，他爷爷把家族生意传给了三个儿子，夏尔·爱德华·纪尧姆的父亲之后便移居到瑞士的小镇弗勒里耶，继续经营钟表业。在这个生产钟表和精密仪器的小镇里，从小与金属、机械、钟表的接触，在小夏尔·爱德华·纪尧姆的脑海里留下了深刻的印象，使他爱上了与此相关的科学。

　　夏尔·爱德华·纪尧姆的父亲打算让儿子以后继承自己的事业，于是有意培养他在这方面的兴趣，并在家里亲自教授儿子这方面的知识与技术。

　　后来，夏尔·爱德华·纪尧姆又到苏黎世联邦科技学校接受正规的教育——学习物理学。

总之，这些都使得夏尔·爱德华·纪尧姆在金属、机械原理等方面有了全面而深入的了解，为其以后的合金研究奠定了坚实的技术支撑和理论基础。

1883 年，夏尔·爱德华·纪尧姆进入位于巴黎附近塞夫勒的国际度量衡局参加工作。他接到的第一份工作就是如何提高汞柱玻璃温度计的精确度。

夏尔·爱德华·纪尧姆

接受了该项工作的夏尔·爱德华·纪尧姆，开始投入到相关合金领域的研究。最终于 1896 年发现了一种新型的镍铁合金，他将其命名为"因瓦合金"。这个名字在英文里的意思就是"体积不变"。它具有以下几大优点：

1. 膨胀系数小。

2. 导热系数低。

夏尔·爱德华·纪尧姆肖像画

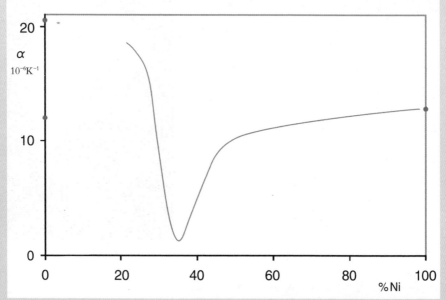

通过对因瓦合金的大量实验发现,当镍含量在36%时,热膨胀系数出现拐点,达到最低值,有时甚至为零或负值。镍元素符号为 Ni。

3.塑性韧性高。

4.耐腐蚀、防磁性。

　　这一发现一经问世,便引起钟表制造业的关注,因瓦合金成为当时钟表行业首选的合金材料。而钟表的精准度来自于材料的抗震性能、防磁化性能以及膨胀系数小等,这都决定了因瓦合金是一种优质材料。

　　此后,因瓦合金被广泛应用于制造标准尺、测温计、测距仪、钟表摆轮、块规、微波设备的谐振腔、重力仪构件、热双金

属组元材料以及光学仪器零件等领域。

因这一伟大的贡献，夏尔·爱德华·纪尧姆荣获了 1920 年的诺贝尔物理学奖。也是在诺贝尔奖历史上第一位也是唯一一位因一项冶金学成果而获此殊荣的科学家。

因瓦合金，也叫做"不变钢"，中文俗称殷钢，其成分为镍 36%，铁 63.8%，碳 0.2%。它的热膨胀系数极低，能在很宽的温度范围内保持固定长度。

诺贝尔物理学奖（1921 年）	
获 得 者	阿尔伯特·爱因斯坦
国　　籍	瑞士／德国（后变为瑞士、美国双重国籍）
获奖原因	对理论物理学的成就，特别是光电效应定律的发现

开创物理学的新纪元

　　从 19 世纪至今，在物理学史上，阿尔伯特·爱因斯坦都是一个举足轻重的伟大科学家。他头顶光环无数：被公认为是继伽利略、牛顿以来最伟大的物理学家，现代物理学的开山鼻祖、集大成者和奠基人，被美国《时代周刊》评选为"世纪伟人"。

阿尔伯特·爱因斯坦 3 岁（1882 年）时的照片

　　阿尔伯特·爱因斯坦相继在学术领域取得了诸多重大成果：1905 年，提出光子假设，成功解释了光电效应；同年，创立狭义相对论；1915 年，创立广义相对论；1916 年，完成了量子理论，1917 年，提出宇宙常数……

　　而这些成就中的任何一项都能与其头顶光环相匹配。

1879 年 3 月 14 日，阿尔伯特·爱因斯坦出生于德国乌尔姆市，他的父母皆是犹太人。他 10 岁时，遍读科学读物和哲学著作；12 岁时，自学欧几里得几何和高等数学；13 岁时，开始阅读德国古典哲学伊曼努尔·康德的著作……

阿尔伯特·爱因斯坦 14 岁（1893 年）时的照片

在阿尔伯特·爱因斯坦 15 岁那年，他父亲的小工厂倒闭，迫于生计，他们举家迁往意大利谋求生路。自此之后，他的生活似乎都在不断搬迁中度过。

但是，动荡不安的生活，并没有影响到阿尔伯特·爱因斯坦的对知识的追求，以及对学术研究的专注。

而使阿尔伯特·爱因斯坦获得诺贝尔物理学奖的原因，还要上溯到 1887 年。

当时，海因里希·鲁道夫·赫

正在拉小提琴的阿尔伯特·爱因斯坦

兹在做实验时，首先发现了光电效应（光电效应在物理学上被称为一个重要而神奇的现象，即在特定频率的电磁波照射下，某些物质内部的电子会被光子激发出来而形成电流，称之为光电效应）。

阿尔伯特·爱因斯坦纪念雕塑的复制品

此后，科学界对这一现象做了深入的研究与探讨：首先，德国物理学家菲利普·莱纳德在做实验时，发现了光电效应的重要规律；其后，对光电效应作出成功解释的则是阿尔伯特·爱因斯坦。

1905年，阿尔伯特·爱因斯坦26岁，这一年的3月，他发表了量子论，提出光量子假说，并用该理论第一个成功地解

1921 年，在纽约，阿尔伯特·爱因斯坦第一次访问美国。

1921 年，阿尔伯特·爱因斯坦抵达纽约时与友人合影。

释了光电效应的成因，即金属表面在光辐照作用下，发射出光电子。

1905年，被称为是"开创物理学的新纪元"，这一年，也被称为"爱因斯坦奇迹年"。

量子论不但揭示了微观物质世界的基本规律，以及正确、完美地解释原子结构、原子光谱的规律性、化学元素的性质、光的吸收与辐射、粒子的可分和信息携带等，还推动了量

光电效应的实际运用

1905年，阿尔伯特·爱因斯坦提出光子假设，成功解释了光电效应，他也因此获得1921年的诺贝尔物理奖。今天，依据光电效用原理制成的产品，广泛应用于生产生活当中。

用光电管制成的光控制电器，可以用于自动控制，如自动计数、自动报警、自动跟踪等。比如光控继电器的原理：当光照在光电管上时，光电管电路中产生电光流，经过放大器放大，使电磁铁M磁化，而把衔铁N吸住；当光电管上没有光照时，光电管电路中没有电流，电磁铁M就会丢失磁性，从而实现自动控制。

利用光电效应还可以制造多种光电器件，如光电倍增管、电视摄像管、光电管、电光度计等。比如光电倍增管只要受到很微弱的光照，就能产生很大电流，在工程、天文、军事等方面都有重要的作用。

此外，利用昆虫的趋光性行为，一些光电诱导杀虫灯技术以及害虫诱导捕集技术广泛地应用于农业虫害的防治。

阿尔伯特·爱因斯坦与他的第二任妻子埃尔莎

子力学的发展,为原子物理学、固体物理学、核物理学、粒子物理学以及现代信息技术等奠定了理论基础。总之,他的成果影响了一代又一代科学家,他的贡献在源源不断地造福于人类。

1921 年,阿尔伯特·爱因斯坦因对理论物理学的成就,特别是光电效应定律的发现方面作出的贡献,而获得了当年的诺贝尔物理学奖。

诺贝尔物理学奖（1922 年）		
获 得 者	尼尔斯·亨利克·戴维·玻尔	
国 　籍	丹麦	
获奖原因	对原子结构以及由原子发射出的辐射的研究	

坚守科学正义

　　1885 年 10 月 7 日，尼尔斯·亨利克·戴维·玻尔出生于丹麦哥本哈根。

　　他的父亲瑞斯·玻尔，任教于哥本哈根大学，是一位出色的生理学家，他发现了血红蛋白在血液的不同环境下如何与氧气结合与分散。他父亲喜欢开"科学 Party"，邀请各个领域的科学家到他家中畅谈科学话题。这种经常的、家庭式的科学交流，引起尼尔斯·亨利克·戴维·玻尔对科学的兴趣，后来，他也参与到其中，讨论各种热点科学话题。这样的学术氛围，影响着尼尔斯·亨利克·戴维·玻尔，最终成为了一名著名的物理学家；他的弟弟哈那德·玻尔则成为了一名出色的数学家。

尼尔斯·亨利克·戴维·玻尔

　　1903 年，尼尔斯·亨利克·戴维·玻

从左至右：尼尔斯·亨利克·戴维·玻尔与詹姆斯·弗兰克、阿尔伯特·爱因斯坦、伊西多·艾萨克·拉比合影。

尔进入哥本哈根大学数学和自然科学系，主修物理学。

1907 年，尼尔斯·亨利克·戴维·玻尔因一篇关于《水的表面张力》的论文，获得丹麦皇家科学文学院的金质奖章，这一年他 22 岁。

1912 年，尼尔斯·亨利克·戴维·玻尔创造性地把马克斯·普朗克的量子学说和欧内斯特·卢瑟福的原子核概念结合了起来，至此开启了他的学术大门。一年后，他在原子结构研究

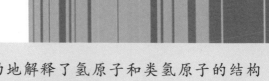
方面取得重大成果，成功地解释了氢原子和类氢原子的结构和性质，提出了原子结构的"玻尔模型"。

1922年，元素周期表上第72号元素铪的发现，证明了玻尔量子力学理论，即玻尔模型。同年，尼尔斯·亨利克·戴维·玻尔获得诺贝尔物理学奖。

在学术上，玻尔模型具有承前启后的作用：这一理论既承接了马克斯·普朗克的量子学说，并把量子论推向了加速发展轨道；又对量子力学的创立起了巨大的促进作用。

在实际运用上，玻尔量子力学理论推动了核工业的发展：可以利用核能发电和供热，也可以制造核武器，如原子

哥本哈根大学尼尔斯·玻尔研究所

弹、氢弹和中子弹。

核武器是利用核反应的光热辐射、冲击波和感生放射性，来造成大规模的杀伤和破坏，从而达到军事战略目的的现代化武器。对于这一点，尼尔斯·亨利克·戴维·玻尔是非常反对的——1940年，德国攻占丹麦，他拒绝与侵略者合作，并不与任何支持侵略者的人来往。

尼尔斯·亨利克·戴维·玻尔和阿尔伯特·爱因斯坦一样担心纳粹德国率先研制出原子弹，于是，1940年，他前往美国参加了和原子弹有关的理论研究。但是，他坚决反对在战争中使用原子弹，始终坚持和平利用原子能的观点。当美国向日本投下原子弹之后，他内心充满了忏悔，并写下《科学与文明》和《文明的召唤》两篇文章，呼吁原子能的和平利用。

这正是尼尔斯·亨利克·戴维·玻尔身上所体现的科学精神和科学正义。

诺贝尔物理学奖(1923 年)	
获 得 者	罗伯特·安德鲁·密立根
国 籍	美国
获奖原因	关于基本电荷以及光电效应的工作

有瑕疵的实验数据

1868 年 3 月 22 日，罗伯特·安德鲁·密立根出生于美国伊利诺伊州的莫里森。1887 年,进入奥柏森大学读书,第二年起,当他还是一个在校学生时,便被聘在初等物理班担任教员,直到他于 1891 年大学毕业后,仍然继续担任了很长一段时间的初等物理班教员。

1893 年,罗伯特·安德鲁·密立根取得奥柏森大学硕士学位;1895 年,获得哥伦比亚大学博士学位。1896 年,任教于芝加哥大学;1921 年起,罗伯特·安德鲁·密立根任加利福尼亚理工学院布里—奇物理实验室主任。

从 1907 年起,罗伯特·安德鲁·密立根就开始专注于测量电子电荷的研究工作,从而创造出测量电子电荷的平衡水珠法、平衡油滑法。其中平衡油滑法就是

罗伯特·安德鲁·密立根

密立根油滴实验。

所谓密立根油滴实验，就是罗伯特·安德鲁·密立根所做的测定电子电荷的实验。他一开始是用水滴作为电量的载体。但是，使用水滴做实验有一个很大的问题，那就是水滴很容易挥发，只能对它们的运动情况做几秒钟的观察。

此时，他的研究生哈维·弗雷彻建议改用油滴（不易挥发，利于长时间的观察），罗伯特·安德鲁·密立根接受了这一建议。

于是，他们开始了油滴实验：

首先，罗伯特·安德鲁·密立根设置了一个均匀电场，用两块以水平方式平行排列的金属板作为两极，金属板上有

1909—1910年期间，罗伯特·安德鲁·密立根做油滴实验时使用的油滴仪。

四个小孔，其中三个可以让光线射入内部装置，另一个则是显微镜观察孔，用来观测实验过程。

其次，为了避免油滴因为光线照射而产生少量的蒸发，导致误差增加，实验所使用的油滴具有较低的蒸气压。喷入

平板的油滴因为摩擦获得电荷，在电场力作用下，一部分油滴开始克服重力上升，悬浮在电场中央，调整电压，只留下一滴油滴来做测量。

1913 年，罗伯特·安德鲁·密立根发表了关于油滴实验的论文，对外公布的数据表明了电子电荷的存在，并测出了基本电荷的数值。

与此同时，罗伯特·安德鲁·密立根还致力于光电效应的研究——1916 年，他的实验结果完全肯定了阿尔伯特·爱因斯坦光电效应方程。

由于上述工作，罗伯特·安德鲁·密立根获得 1923 年的诺贝尔物理学奖。

事隔 60 年后，史学家发现，罗伯特·安德鲁·密立根在论文中公开发表的 58 次油滴实验观测结果，并非如他信誓旦旦所说的那样是"没有经过选择的"，而是从 140 次观测中挑选出来的。他只采集那些对他有利的漂亮数据，而不利的数据则一概删去。这大概就是这次油滴实验的瑕疵所在——也可以把它纳入学术数据造假，属于学术不端行为，值得警惕。不过，罗伯特·安德鲁·密立根在实验方法上的开拓性贡献，依然值得肯定。

诺贝尔物理学奖（1924 年）		
获 得 者	卡尔·曼内·乔奇·塞格巴恩	
国 籍	瑞典	
获奖原因	在 X 射线光谱学领域的发现和研究	

科学的延续

　　1886 年 12 月 3 日，卡尔·曼内·乔奇·塞格巴恩出生于瑞典的厄勒布鲁。1906 年，他中学毕业后，进入隆德大学学习，并于 1911 年以"磁场测量"为题获得博士学位；1907—1911 年，在隆德大学物理研究所时，成为瑞典物理学家、光谱学奠基人之一约翰尼斯·里德伯的助手；1923 年，担任乌普沙拉大学物理学教授；1937 年，任瑞典皇家科学院实验物理学教授；同年瑞典皇家科学院诺贝尔研究所物理部成立，卡尔·曼内·乔奇·塞格巴恩任第一届主任。

　　作为光谱学奠基人之一约翰尼斯·里德伯的助手与学生，卡尔·曼内·乔奇·塞格巴恩也在光谱学领域颇有建树。

　　在 X 射线领域，先后有五位科学

卡尔·曼内·乔奇·塞格巴恩

家作出了卓越的贡献，他们分别是：X射线的发现者威廉·康拉德·伦琴、发现晶体中的X射线衍射现象的马克斯·冯·劳厄、用X射线研究晶体结构的威廉·亨利·布拉格和威廉·劳伦斯·布拉格，以及发现X射线的散射现象的查尔斯·格洛弗·巴克拉。

他们都是诺贝尔物理学奖的获得者，而且他们每一位的研究成果都对后来者的研究起到了铺垫与引导作用。这是一种科学的延续与继承。

乌普萨拉大学的主体建筑之一。卡尔·曼内·乔奇·塞格巴恩该校任教期间，完成了他光谱学领域的诸多发现和研究。

卡尔·曼内·乔奇·塞格巴恩的研究也不例外，他也是在前者的研究成果上进行的。为了研究的精准度，卡尔·曼内·乔奇·塞格巴恩改进了实验方法和实验设备，他新设计的 X 射线谱仪，可使曝光时间大大缩短，从而使他的测量精度大为提高。他使用 X 射线谱仪来观察 X 射线光谱，并用摄谱仪摄下光谱照片。利用这种方法，他测量、分析并确定了 92 种元素的原子所发射的标识 X 射线。此后，他将这一研究成果在《伦琴射线谱学》一书中作了全面的概述与总结。这项成果，后来成为人们了解原子结构的重要途径。

此外，X 射线谱仪还被应用于探测月球和其他星体表面物质元素的构成与分布，为人类了解太空提供重要的工具，助推了天体物理学的发展。

这就是卡尔·曼内·乔奇·塞格巴恩在光谱学领域取得的重要贡献。

因在 X 射线光谱学领域的发现和研究，卡尔·曼内·乔奇·塞格巴恩获得了 1924 年的诺贝尔物理学奖。

1937 年以后，卡尔·曼内·乔奇·塞格巴恩开始致力于研究核物理问题。在他创建的隆德大学光谱学实验室有一大群年轻的科学家，它还吸纳了许多来自国外的科学家，参与到原子核及其放射特性的研究之中。

科学依旧在延续。

诺贝尔物理学奖(1925 年)	
获 得 者	詹姆斯·弗兰克	古斯塔夫·路德维希·赫兹
国 籍	德国	德国
获奖原因	发现那些支配原子和电子碰撞的定律	

霍普金斯大学的枪声

1935 年，位于美国巴尔地摩市的霍普金斯大学内，一声枪响打破了校园的宁静，教室内站立的一位教授，看到他的一位学生倒在血泊之中。

然而，那位死去的学生却并非被攻击的对象，真正的对象是那位教授。教授的名字叫詹姆斯·弗兰克，他是德国著名的实验物理学家，他的研究领域涉及核能。

这是一次有预谋的暗杀，原来派人去暗杀詹姆斯·弗兰克教授的是来自他的祖国、纳粹德国的法西斯头子阿道夫·希特勒。

詹姆斯·弗兰克

一切还要从 1933 年说起。这一年，阿道夫·希特勒执政，开始颁布新的法律，其独裁与种族歧视昭然若揭。当时，德国的很多科学家，要么选择投靠阿道夫·希特勒，要么被迫离开这个国家。

詹姆斯·弗兰克选择了一条拒绝合作的道路，并发表了不与纳粹政权为伍的宣言，之后便来到了美国。这一年是1935年，他在霍普金斯大学担任物理学教授。

因为他的研究领域对核武器的发展至关重要，当他从德国出走时，拒绝将自己有关核能部分的研究成果交予纳粹政府，这才导致了霍普金斯大学的枪杀事件。

幸运的是，詹姆斯·弗兰克躲过了这一劫。

1882年8月26日，詹姆斯·弗兰克出生于德国的汉堡。

1901年，詹姆斯·弗兰克进入海德堡大学攻读化学；1902

1923年，詹姆斯·弗兰克（右二）与其他科学家合影。

古斯塔夫·路德维希·赫兹，1887年7月22日出生于德国汉堡。1906年起，他先后就读于哥廷根大学、慕尼黑大学、柏林洪堡大学，1911年，获得博士学位；1913年，任柏林物理研究所助理研究员；1920—1925年，在埃因霍温飞利浦白炽灯厂的物理实验室工作。1925年，赫兹被选为哈勒大学物理研究所的教授和主任。1961年，退休后居住在莱比锡，后来移居柏林。量子力学的先驱之一。

年，转到柏林大学学习物理学。当时的世界物理学的中心在德国，科学界的大腕鲁宾斯、埃米尔·沃伯格、马克斯·普朗克都在柏林大学担任教授。此后，杜鲁德、阿尔伯特·爱因斯坦等联合举办科学讨论会，他们的科学讨论，对詹姆斯·弗兰克产生了巨大的影响与震撼。

1906年，詹姆斯·弗兰克在柏林大学获得哲学博士学位后，曾有一短暂时期在法兰克福大学任物理学助教。

1913年，在柏林大学沃伯格实验室工作期间，詹姆斯·弗兰克与德国物理学家、量子力学的先驱古斯塔夫·路德维希·赫兹合作，开始了对电子的研究，完成了电子碰撞的弗兰克—赫兹实验，最终发现那些支配原子和电子碰撞的定律——即电子与原子间能量量子化转移的发现。该实验证明了量子力学领域的两大定理：玻尔原子论和普朗克量子论。

　　可以说，现代文明都是建立在量子力学之上的，没有量子力学，就没有现代化学、现代生物学、现代医学、核物理学等学科的飞速发展。最直观的改变是量子力学的两大产物：电子学革命将人类社会带入计算机时代；光子学革命将人类社会带入信息时代。

　　总之，每位科学家的研究成果，都对量子力学的发展与进步作出了相应的贡献。

　　基于在发现那些支配原子和电子碰撞的定律的重大贡献，詹姆斯·弗兰克和古斯塔夫·路德维希·赫兹共同获得了1925年的诺贝尔物理学奖。

德国发行的古斯塔夫·路德维希·赫兹纪念邮票

诺贝尔物理学奖(1926 年)	
获 得 者	让·巴蒂斯特·佩兰
国 籍	法国
获奖原因	研究物质不连续结构和发现沉积平衡

第一次证明原子的存在

1870 年 9 月 30 日，让·巴蒂斯特·佩兰出生于法国的里尔。1894—1897 年，他就读于巴黎高等师范学校和在法国巴黎的高等精英学校。在这期间，他做过助理，并研究了阴极射线和 X 射线，获得了医学博士学位。1897 年，他被任命为位于巴黎的索邦大学的物理化学讲师；1910 年，成为索邦大学教授，直到二战期间德国占领法国。

让·巴蒂斯特·佩兰在索邦大学讲授物理化学时，便开始研究胶体粒子的运动。在此期间，他对布朗运动产生了极大的兴趣。

此前的 1905 年，阿尔伯特·爱因斯坦提出了布朗运动的分子运动论。同时，阿尔伯特·爱因斯坦期待科学家能够在这一领域继续研究，证实他提出的布朗运动。诚如他自己所言："我不想在这里

让·巴蒂斯特·佩兰

把可供我使用的那些稀少的实验资料去同这理论的结果进行比较，而把它让给实验方面掌握这一问题的那些人去做。"并期望"有一位研究者能够立即成功地解决这里所提出的、对热理论关系重大的这个问题"。

在这种情况下，从 1908 年起，让·巴蒂斯特·佩兰开始了一系列的测量布朗运动的实验。他以完美的实验技巧、精准的测量方法，不但证实了阿尔伯特·爱因斯坦提出的理论，并且第一次证明了原子的存在。

让·巴蒂斯特·佩兰也因这一实验成果，摘取了 1926 年的诺贝尔物理学奖。

布朗运动

1827 年，苏格兰植物学家罗伯特·布朗发现水中的花粉及其他悬浮的微小颗粒不停地做不规则的曲线运动的现象，此后便以他的名字将其命名为"布朗运动"。

所谓布朗运动，即液体分子不停地做无规则的运动，不断地随机撞击悬浮微粒。当悬浮的微粒足够小的时候，由于受到的来自各个方向的液体分子的撞击作用是不平衡的，在某一瞬间，微粒在另一个方向受到的撞击作用超强的时候，致使微粒又向其他方向运动，这样就引起了微粒的无规则的运动。在生物学领域，生物体内的蛋白质通过布朗运动变成一个微小的发动机，驱动细胞的运动、分裂以及调节细胞内部的离子浓度等。

诺贝尔物理学奖（1927 年）	
获 得 者 查尔斯·威尔逊	阿瑟·霍利·康普顿
国 籍 英国	美国
获奖原因 通过水蒸气的凝结来显示带电荷的粒子的轨迹的方法	发现以他命名的效应——康普顿效应

威尔逊云雾室

  1869 年 2 月 14 日，查尔斯·威尔逊出生于苏格兰爱丁堡附近的格伦科西。1888 年，在剑桥大学学习物理学，并于 1896 年获得物理学博士学位。1900 年，查尔斯·威尔逊担任剑桥大学物理学讲师和物理学演示法教学者；1913 年，在气象台担任气象物理观测员。

  1895 年以后，查尔斯·威尔逊开始研究大气电学问题，特别是下雨和下雪时的放射性现象。据说他研究的兴趣来源于

一次意外的发现——在 1894 年，查尔斯·威尔逊在海拔 1000 多米的尼维斯山顶旅游时，发现山巅很容易形成奇丽的蒙蒙雾景。这深深地打动了他，他想从实验室中再现这种美景。起初，他设计了一种方法使潮湿空气在紧闭的容器内绝热膨胀，从而使空气冷却，变成过饱和，让

查尔斯·威尔逊

水分凝结在尘粒上。接着，他寻找形成雾点的原因。终于，他发现雾点是由于水蒸气附着在带电粒子上而形成的。伴随着他的研究，他的云雾实验室逐步科学、成熟起来，并扬名于外，这就是"威尔逊云雾室"。

　　所谓威尔逊云雾室，就是在一个封闭容器内，输入纯净的乙醇或者甲醇蒸气，通过降低温度使蒸气达到过饱和状态，此时如果有带电粒子射入，就会在路径上产生离子，过饱和蒸气就会以离子为核心凝结成小液滴，从而显示出粒子的径迹。

在云雾室里观察带电基本粒子或离子的运动径迹

今天看来，这样的云雾室并不多么出奇与难做，但在当时，它却极大地推动了许多重要的原子核物理现象的研究成果，其中最重要的成就有：

阿瑟·霍利·康普顿发现"康普顿效应"就是借助云雾室完成的，他也因此与查尔斯·威尔逊分享了 1927 年的诺贝尔物理学奖；卡尔·大卫·安德森借助云雾室发现了正电子，获得了 1936 年的诺贝尔物理学奖；帕特里克·梅纳德·斯图尔特·布莱克特因改进威尔逊云雾室方法和由此在核物理和宇宙射线领域的发现，获得了 1948 年的诺贝尔物理学奖。

事实表明，这就是威尔逊云雾室在那个时代产生的巨大价值与作用。

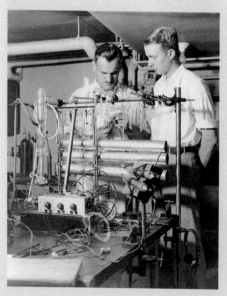

阿瑟·霍利·康普顿（左），1892 年 9 月 10 日出生于美国俄亥俄州伍斯特，美国著名物理学家、芝加哥大学教授。1923 年，他发现"康普顿效应"，又称"康普顿散射"。康普顿效应是第一次从实验上证实了爱因斯坦提出的关于光子具有动量的假设。康普顿效应成为量子物理学发展的核心，直接推动了光子学的革命，在科技领域产生了深远的影响。康普顿效应的重要应用有：在医学领域应用于放射疗法；在工业领域，用于探测新材料中的电子波函数；在天体物理领域，用于观测宇宙微波背景辐射的光子等。

诺贝尔物理学奖（1928 年）	
获 得 者	欧文·理查森
国 籍	英国
获奖原因	在热离子学发射领域作出重大贡献，特别是发现了以他名字命名的理查森定律

发现理查森定律

1879 年 4 月 26 日，欧文·理查森出生于英国约克郡的迪斯伯里。早年就读于巴特利语法学校；毕业后，获准进入剑桥大学三一学院，于 1900 年拿到学士学位，并且得到自然科学第一级荣誉；1902 年，被选为三一学院的院士；1906 —1913 年，在普林斯顿大学任职物理教授；1914 年，成为伦敦国王学院的物理教授，之后晋升为研究主任。

大学毕业之后的欧文·理查森在卡文迪许实验室谋得第一份工作，并开始研究热物体的电子发射现象。

在他之前，就有科学家研究这一课题：德国物理学家约翰·艾斯特和汉斯·盖特尔在研究热金属对空气导电的作用时，发现在温度低、气压高的状态下，金属带正电；在温度高、气压低的状态下，

欧文·理查森

金属带负电。

在此基础，欧文·理查森开启了他的研究之旅。

起初，欧文·理查森从直观上认为，正、负电荷是直接从受热的固体金属丝本身发出的，而不是从附近的气体分子与受热物体的化学作用产生的。他应用分子运动论作了如下的假设：

在热导体内部的自由电子，只要它们的动能足以克服导体中正电荷的吸引，就有可能从导体的表面逸出。

最终，欧文·理查森成功地确定了金属电子动能随着温度增加而增加的关系，并以他的名字命名为"理查森定律"。1910 年，他完成了论著《受热物体的电发射》，使得理查森定律得以普及。

理查森定律迅速被投入到实用领域，使得无线电、电话、电视和 X 射线技术得到了迅速发展。

1928 年，欧文·理查森因在热离子学发射领域作出重大贡献，特别是发现了理查森定律，荣获了当年的诺贝尔物理学奖。

诺贝尔物理学奖（1929 年）		
获 得 者	路易·维克多·德布罗意	
国 籍	法国	
获奖原因	发现电子的波动性	

从历史学到物理学

1892 年 8 月 15 日，路易·维克多·德布罗意出生于法国塞纳河畔的迪耶普。其家族从 17 世纪以来，就活跃在法国的军事、政治、外交舞台上，堪称名门望族。

然而，路易·维克多·德布罗意的父母早逝，他跟随外祖母一起生活，少年路易·维克多·德布罗意只有与书为伴，以解孤独与苦闷。正因为阅读，他对文学有一种特别的情怀与偏好。中学时代，他便显示出非同寻常的文学才华。18 岁时，路易·维克多·德布罗意选择了巴黎索邦大学的历史学，1910 年，获巴黎索邦大学文学学士学位。

按照路易·维克多·德布罗意的人生规划，他准备从事的工作是研究法国历史。然而事情总会在不经意间发生转变，而导致他转变的因素，则来自于外

路易·维克多·德布罗意

部环境：他的哥哥莫里斯·德布罗意是一位实验物理学家，是研究 X 射线方面的专家，并且拥有设备精良的私人实验室。他从哥哥那里了解到关于光、辐射、量子等物理学领域的知识，这引起了他极大的兴趣。

但是，最终何去何从，在路易·维克多·德布罗意内心深处也有一番激烈的挣扎与斗争，最终他选择了物理，而放弃了研究法国历史的计划，从此开启了他的物理研究之路。

1924 年，路易·维克多·德布罗意获得巴黎大学博士学位。他在博士论文中首次提出了"物质波"概念。该理论表明实物粒子也和光一样具有波动性。

只是在当时，该理论并没有引起学术界的关注。此后，他的科学研究，引起了知名科学家阿尔伯特·爱因斯坦的注意，并且说："一个物质粒子或物质粒子系可以怎样用一个波场相对应，德布罗意先生已在一篇很值得注意的论文中指出了。"科学名家的推荐，立即引起了学术界的关注。

1926 年，奥地利物理学家、量子力学奠基人之一的埃尔温·薛定谔在自己的论文中说自己的科学研究的灵感"主要归因于路易·维克多·德布罗意先生的独创性的论文"。

1927 年，美国物理学家克林顿·约瑟夫·戴维逊和雷斯特·革末以及英国物理学家乔治·佩杰特·汤姆逊通过实验证实了路易·维克多·德布罗意的理论，即电子具有波动性。

物质波理论的提出，开创了现代量子力学的新时代。

1929年，路易·维克多·德布罗意因其开创性的研究、杰出的贡献，获得了法国科学院亨利·彭加勒奖章。同年，又获得诺贝尔物理学奖。

路易·维克多·德布罗意的选择最终使他成为一名物理学家。反过来说，如果他选择了历史学研究，这世界上也许会多了一位历史学家，而少了一位物理学家。

关于物质波

物质波因由路易·维克多·德布罗意首次发现，所以又叫"德布罗意波"。物质波是一种概率波，是指空间中某一点某一时刻可能出现的几率，这种几率出现受波动规律的影响。

量子力学理论认为，微观粒子没有确定的位置，只有在测量的时候，才能计算出它的平均值和确定位置。

反过来说，电子运动是一种波运动。自发现了电子、质子等微观粒子的波动性以后，对微观世界的认识统一起来了。

Nobel

改变人类的诺贝尔科学奖

诺贝尔物理学奖（1930 年）	
获 得 者	钱德拉塞卡拉·文卡塔·拉曼
国 籍	印度
获奖原因	对光散射的研究，以及发现以他名字命名的效应——拉曼效应

光的散射使海水更蓝

1921 年夏天，在一艘航行于地中海的"纳昆达"号客轮上，一位科学家正在甲板上，俯身围栏前，用简陋的光学仪器观测海水的颜色。他很投入，非常专注，在那一刻好像连客轮本身也不存在，只有他、蓝天和海水。

他在观测什么呢？

事实上，这位科学家对海洋并不陌生，他曾经就读的马德拉斯大学正位于印度半岛东岸的马德拉斯城，该城就建于海滩之上。但是却有一个问题一直困扰着他——英国著名物理学家瑞利（原名约翰·威廉·斯特拉特）的一句话"深海的蓝色并不是海水的颜色，只不过是天空蓝色被海水反射所致"的启示，他想弄清楚瑞利的这句话是否科学。

这位科学家就是钱德拉塞卡拉·文卡塔·拉曼。

1888 年 11 月 7 日，钱德拉塞卡拉·文卡塔·拉曼出生于印度南部城市蒂鲁吉拉伯利。他的父亲 R.钱德拉塞卡·艾耶是一位物理学家和数学家，在他年幼的时候便受到父亲的影响，学到了许多物理学方面的知识。1902 年，钱德拉塞卡拉·文卡塔·拉曼进入钦奈学院读书；1904 年，获得了学士学位；1907 年，获得了硕士学位。1917 年，任加尔各答大学物理学教授，研究光在各种物质中的散射。

钱德拉塞卡拉·文卡塔·拉曼

这次他乘坐"纳昆达"号客轮，正是代表加尔各答大学去往英国牛津参加英联邦的大学会议。在这次海上航行的旅途中，钱德拉塞卡拉·文卡塔·拉曼依然不忘记实验。他想：如果用光学仪器消除来自天空的蓝光，那么，看到的光就应该是海水自身的颜色了。然而实际观测结果却大大出乎意料——他由此看到的是比天空更深的

位于比尔拉工业科技博物馆外的钱德拉塞卡拉·文卡塔·拉曼半身像

蓝色海水。由此看来，海水的蓝色，并不是由天空的蓝色所引起的，而是海水自身性质的原因。他据此推定，这一定是水分子对光的散射现象引起的。

当钱德拉塞卡拉·文卡塔·拉曼参加完英联邦的大学会议，返回印度之后，立即做了一系列的实验和理论研究，并探索各种透明媒质中光散射的规律。最终发现拉曼效应（也称拉曼散射，指光波在被散射后频率发生变化的现象），也即当光照射到物质上时会发生散射，散射导致了海水更加深蓝。

因这一重大发现，1930 年，诺贝尔物理学奖被授予当时正在印度加尔各答大学工作的钱德拉塞卡拉·文卡塔·拉曼，以表彰他对光散射的研究，以及发现以他名字命名的效应——拉曼效应。

今天，拉曼效应已经被广泛应用于各个领域，比如检测物质材料（金刚石）的结构构成。在文物、艺术品、古代建筑物的修复技术方面，也都运用了拉曼效应原理。

诺贝尔物理学奖(1932 年)		
获 得 者	维尔纳·卡尔·海森堡	
国 籍	德国	
获奖原因	创立量子力学,以及由此导致的氢的同素异形体的发现	

"海森堡下了一个巨大的量子蛋"

　　20 世纪初,是物理学史上最有争议的时代:传统经典物理学(比如牛顿力学)已经无法解决物理学研究中的种种问题;新物理学的到来也存在争议,原因在于无人能够实验证明它的科学性,犹如阿尔伯特·爱因斯坦也不敢确定自己的相对论是否存在科学性,他需要实验证明。

　　杨振宁先生曾这样描述那个时代:

　　维尔纳·卡尔·海森堡是历史上最伟大的物理学家之一。

　　当他作为一个年轻的研究者开始工作时,物理学界正处于一种非常混乱而且令人灰心丧气的状态,对此,派斯曾用狄更斯在《双城记》中的话,将其描述为:"这是希望的春天,这是绝望的冬天。"

维尔纳·卡尔·海森堡

人们在做的是一场猜谜游戏:纯粹是通过直觉,一次又一次地,有人提出一些临时方案,惊人地解释了光谱物理学中的某些规则,这些了不起的成就会让人欢欣鼓舞。可是进一步的工作总是揭示出新方案的自相矛盾或不完善,于是又带来了失望。

维尔纳·卡尔·海森堡的学术成果,打破了这场争执已久的物理困局。

1901 年 12 月 5 日,维尔纳·卡尔·海森堡出生于德国的维尔兹堡一个学术之家,他的父亲 A.海森堡教授是著名的语言学家、东罗马历史学家,执教于颇负盛名的慕尼黑大学。这样的家庭环境,给维尔纳·卡尔·海森堡带来了开阔的视野与文学素养。据说,他的父亲因年幼的儿子学到高深的语言学知识而引以为豪。无论如何,维尔纳·卡尔·海森堡自幼年开始便显山露水,属于出类拔萃的那种人。

1920 年,维尔纳·卡尔·海森堡考入慕尼黑大学,师从杰出的理论物理学家阿诺德·索末菲(培养过诸多获得诺贝尔奖的学生,如沃尔夫冈·泡利、汉斯·贝特、赫伯特·克勒默、莱纳斯·卡尔·鲍林等)、威廉·维恩(1911 年诺贝尔物理学奖得主);期间曾前往格廷根大学,在物理学家马克斯·玻恩、数学家戴维·希尔伯特的指导下,进一步攻读物理学;1923 年,维尔纳·卡尔·海森堡获得了慕尼黑大学的哲学博士学位。

1924—1927年间，维尔纳·卡尔·海森堡在哥本哈根大学理论物理研究所工作。这一时期，他取得了辉煌的学术成果，解决了争论已久的物理学难题——他创立了量子力学，提出了"测不准原理"（又称不确定性原理）。测不准原理所起的作用就在于说明了科学度量的能力在理论上存在的某些局限性，比如，一个微观粒子的某些物理量（如位置和动量，或方位角与动量矩，还有时间和能量等），不可能同时具有确定的

维尔纳·卡尔·海森堡（左）和尼尔斯·亨利克·戴维·玻尔

数值，其中一个量越确定，另一个量的不确定程度就越大。根据测不准原理，不管对测量仪器作出何种改进都不可能使人类克服这种困难。

杨振宁说："海森堡独自在赫里戈兰度假时，得到了一个新的想法，这个新想法将给由牛顿在大约 250 年前最先建立的伟大的力学科学带来革命。它带来了无疑是人类历史中最伟大的智力成就之一的新科学，即量子力学。"

阿尔伯特·爱因斯坦说："海森堡下了一个巨大的量子蛋。"

也可以说这个"蛋"产生的效应是极大的，它不仅在核物理学和原子能领域里有着诸多应用，它还构成了光谱学知识的基础，广泛应用于天文学和化学领域。此外，在理论研究方面，诸如液态氦的特性、星体的内部构造、铁磁性和放射性等方面，也发挥了极大的作用；在实际应用领域里，诸如电子显微镜、激光器和半导体的制造，等等。

维尔纳·卡尔·海森堡被科学界誉为是继阿尔伯特·爱因斯坦之后最有作为的科学家之一，当不为过。

1932 年，维尔纳·卡尔·海森堡因创立量子力学，以及由此导致的氢的同素异形体的发现获得了当年的诺贝尔奖。

诺贝尔物理学奖（1933 年）		
获 得 者	埃尔温·薛定谔	保罗·狄拉克
国 籍	奥地利	英国
获奖原因	发现了原子理论的新的多产的形式，即量子力学的基本方程——薛定谔方程和狄拉克方程	

科学就是联系生活的理想背景

1887 年 8 月 12 日，埃尔温·薛定谔出生于奥地利维也纳埃德伯格。1906—1910 年，他在维也纳大学学习物理与数学，并在 1910 年取得博士学位；1911 年后，他在维也纳物理研究所工作，他当时的同事包括弗兰茨·瑟拉芬·埃克斯纳、弗雷德里希·哈瑟诺尔和科尔劳施等；1920 年，埃尔温·薛定谔移居耶拿，担任威廉·维恩的物理实验室的助手。

1921—1927 年，埃尔温·薛定谔在苏黎世大学任教，而这个时期，正是他科学研究的重要收获时期——1925 年年底到 1926 年年初，他在阿尔伯特·爱因斯坦的量子理论和路易·维克多·德布罗意的物质波的启迪下，提出了薛定谔方程。薛定谔方程是量子力学中描述微观粒子运动状态的基本定律，每个微观系统都有一个相应的薛定

埃尔温·薛定谔

谔方程式,通过解方程可得到波函数的具体形式以及对应的能量,从而了解微观系统的性质。以此类比的话,薛定谔方程在量子力学中的地位,相当于牛顿运动定律在经典力学中的地位。

诚如埃尔温·薛定谔自己所言:"敏锐地注意到,你的特殊专业在人类生活的悲喜剧的舞台上所扮演的角色;要联系生活,不仅要联系实际的生活,而且要联系生活的理想背景,这一点通常显得更为重要。同时,还要使自己紧跟时代。如果

从左至右依次为:维尔纳·卡尔·海森堡的母亲、保罗·狄拉克的母亲、埃尔温·薛定谔的夫人、保罗·狄拉克、维尔纳·卡尔·海森堡和埃尔温·薛定谔。

你不能最终告诉别人你一直在做什么，那么，你的研究也就一文不值。"事实上，每一项学术的发现，都会直接或间接地推动社会的进步。

埃尔温·薛定谔的学术成果薛定谔方程在原子、分子、固体物理、核物理、化学等领域中被广泛应用。

保罗·狄拉克的学术成果狄拉克方程可以用来研究氢原子能级分布，利用这个方程还可以探测高速运动电子的许多性质。在二维量子材料如石墨烯、拓扑绝缘体的应用，提供了重要的理论和技术支撑。因此，这些新型材料也被称为"二维狄拉克材料"。

1933 年，埃尔温·薛定谔与保罗·狄拉克因量子力学的基本方程——薛定谔方程和狄拉克方程而分享了当年的诺贝尔物理学奖。

保罗·狄拉克，1902 年 8 月 8 日出生于英格兰西南部的布里斯托。英国理论物理学家，量子力学的奠基者之一，并对量子电动力学早期的发展作出重要贡献。他曾主持剑桥大学的卢卡斯数学教授席位；后任佛罗里达州立大学教授，直到去世。保罗·狄拉克除获得 1933 年的诺贝尔物理奖外，1939 年，获得皇家奖章；1952 年，获得科普利奖章以及马克斯·普朗克奖章。

诺贝尔物理学奖(1935 年)
获 得 者 　詹姆斯·查德威克
国 　籍 　英国
获奖原因 　发现中子

原子能的新时代——发现中子

　　1891 年 10 月 20 日,詹姆斯·查德威克出生于英国柴郡。1911 年,毕业于曼彻斯特大学物理学院;1913 年,获得曼彻斯特大学理学硕士学位;1923—1935 年，被任命为剑桥大学卡文迪许实验室主任助理。

　　这个时期,是詹姆斯·查德威克学术的爆发时期。卡文迪许实验室成为他学术生涯中的重要平台。他的导师、时任卡文迪许实验室主任,也是被誉为"原子核物理学之父"的欧内斯特·卢瑟福,则影响并成就了他的学术事业。

　　提出"放射性半衰期"概念的欧内斯特·卢瑟福曾预见性地说过:"既然原子中有带正电的粒子,也有带负电的粒子,那么是不是存在不带电的粒子呢?"这句话引起了詹姆斯·查德威克的注意,他决

詹姆斯·查德威克

定搞清楚这个问题。然而，在实际操作过程中，詹姆斯·查德威克也遇到了难题：实验无果，并没有任何新的进展。

1931年，居里夫人的女婿让·弗雷德里克·约里奥—居里和女儿伊雷娜·约里奥—居里在实验过程中有一项新的发现，即石蜡在"铍射线"照射下产生大量质子。这个"铍射线"是由什么组成的呢？约里奥—居里夫妇并没有作出合理、正确的解释。

詹姆斯·查德威克(左)与曼哈顿计划负责人 L. R.格罗夫斯合影

当詹姆斯·查德威克获得这个消息后，他意识到这种射线很可能就是由中性粒子组成的，便立即投入到实验中去。在短短的一个月时间内，他便发现了"中子"，并测算出中子的质量。1932年，他在英国《皇家学会学报》上发表了以《中子的存在》为题的论文；同年，《自然》杂志上也刊登了《中子可能存在》的专文。至此，他对中子的发现，即从实验方面导致了中子核反应、核裂变等现象的研究——后来，美籍意大利著名物理学家恩利克·费米用中子作"炮弹"轰击铀原子核，发现了核裂变和裂变中的链式反应，从此开创了人类利用原

子能的新时代。

　　同时，中子的发现，又从理论上导致了核结构与核力的研究，并由此建立与发展了中子物理学这一分支。这一创见性的发现，使詹姆斯·查德威克轻松地摘取了 1935 年的诺贝尔物理学奖。正如诺贝尔颁奖辞所言：

　　詹姆斯·查德威克中学时代并未显现出过人天赋。他沉默寡言，成绩平平，但坚持自己的信条：会做则必须做对，一丝不苟；不会做又没弄懂，绝不下笔。因此他有时不能按期完成物理作业。而正是他这种不骛虚荣、实事求是、"驽马十驾，功在不舍"的精神，使他在科学研究事业中受益一生。

　　詹姆斯·查德威克是一位伟大智者与物理学家，是现代物理学的先驱者。